從刀劍神域
一小時讀懂78個概念

元宇宙超圖解

岡嶋裕史／監修　　張嘉芬／譯

NFT

同溫

另一個世界

AI

VR

AR

虛擬替身

多重宇宙

前言

航向前所未見的元宇宙
成為你啟程的領航者

　　如今「元宇宙」已是一個廣為人知的流行詞彙。當一個詞彙的知名度突破臨界值時，我們就會開始承受一股「沒聽過就糟了」的壓力。在翻閱本書的各位讀者當中，應該也有人是出於這股壓力的驅使吧？

　　科技方面的新詞大致可分為兩種：談技術的詞彙，以及談概念的詞彙。前者說明起來雖談不上容易，但相對比較簡單；後者說明起來則會很費力——因為是談「概念」，所以各種不同立場的人士，都很容易對它們提出五花八門的意見。有時這些詞彙的意思，甚至還會依時間、空間而改變樣貌，搖擺不定。

　　而元宇宙就是屬於後者的詞彙。這次很榮幸能有機會審訂本書，但其實當初我心想它恐怕會是一份艱鉅的苦差事。

然而，就結果來看，我認為這本書被打造成了一本入門良書，是用來了解元宇宙的絕佳契機。正如本書最後列舉出的多本參考文獻（最感恩的是，我的書竟也名列其中）所示，書中先說明了「元宇宙」這個定義還有些許搖擺的詞彙，再進行不偏不倚、各方兼顧的優質說明。

　　因此，儘管本書有部分解讀與我以往撰寫的著作內容不同，但對於剛開始接觸元宇宙相關說明的讀者而言，能從中獲得更多不同角度的觀點，是最理想的一本入門書。

　　元宇宙有很多必須正視的風險，並不是一項盡善盡美的服務。不過，透過這本筆調輕快、愉悅的書籍來學習元宇宙的人，想必一定可以懷抱著夢想，跳進元宇宙的世界。在此感謝你翻閱本書。若本書能對各位讀者的學習有幫助，那將是我無上的榮幸。

岡嶋裕史

目錄
Contents

Chapter 1
何謂元宇宙？

Chapter 2

元宇宙是下一個「殺手級服務」？

Chapter 3
活在虛擬實境中的未來

Chapter 4

企業與政府放眼
元宇宙

元宇宙 的世界會變成這樣！

元宇宙目前備受各界期盼，希望從娛樂到商業的所有活動，都在元宇宙上進行得比現實世界更舒適順暢。

購物
可透過比現實世界規模更大的門市或呈現，讓顧客享受到實體、電商都沒有的全新購物體驗。

展演活動
可體驗到前所未有的表演呈現與臨場感，例如用比現實世界更近的距離，欣賞現場音樂表演或體育賽事。

電玩遊戲
遊戲玩家不只可享受遊戲樂趣，元宇宙的世界還可成為舉辦活動的地點，或是玩家集會交流的「歸宿」，備受矚目。

營造
利用具備營造元素的元宇宙服務，就可隨心所欲的打造出理想的建築或空間。

商業
在元宇宙世界的辦公室裡，可用遠距的方式，以現實世界無法實現的規模進行簡報，或舉辦一場比視訊會議更順暢的會議。

教育
在元宇宙上的學校當中，除了可打破空間限制，讓更多人聚集之外，也可以現實世界無法實現的規模，進行實驗或模擬。

運動
在元宇宙世界裡，不論我們原本的體能如何，都能自由的活動身體，或是在嚮往已久的場館比賽，享受不同於現實世界的運動體驗。

1 Chapter

METAVERSE
mirudake notes

何謂元宇宙？

近年來，我們聽到「元宇宙」的機會，突然變多了起來。一般人最容易想像的就是電玩遊戲的世界，但其實元宇宙不只是如此而已。

這裡我們就從這個詞彙的意義、定義，以及它會為我們帶來哪些影響等角度切入，來剖析元宇宙的特色吧！

01

「元宇宙」一詞
是什麼意思？

其實元宇宙一詞早在三十年前就已問世，
近年則是因為科技的進步，才讓它再次受到各界關注。

　　「元宇宙」（Metaverse）是由意指「超越、高層次」的Meta，和意指「世界、宇宙」的Universe所組成的詞彙。儘管我們是直到最近，才開始經常聽到「元宇宙」這個詞彙，但據說其實它早在科幻作家**尼爾‧史蒂文森**（Neal Stephenson）於一九九二年發表的小說作品**《潰雪》**（*Snow Crash*）當中，就已首度出現——沒想到「元宇宙」這個詞彙、概念，竟已頗有歷史。若直接就語源來看，的確可以將Metaverse直譯成「高層次的世界」，但由於這樣會給人一種「現實世界和元宇宙之間有上下關係」的印象，所以稱不上是一個正確

首見於一九九二年的科幻小說

☑ 《潰雪》

美國科幻小說作家尼爾‧史蒂
文森在一九九二年發表的小
說。一般認為人類首度使用
「元宇宙」一詞，就是在這部
作品當中。

潰雪

三十年前問世的詞彙

的說詞，應該說是有別於現實的「**另一個世界**」比較合適。元宇宙一詞的定義迄今尚無定論，是因為它受到世人關注，甚至成為爆紅潮詞（Buzzword）的過程實在來得太突然。此外，各式公司行號、組織團體為搶搭元宇宙的熱潮，紛紛跳出來介紹自家的哪一項產品或策略屬於元宇宙的一環，也是讓元宇宙更添神祕的原因之一。未來隨著元宇宙的普及，這個詞彙的意涵或定義，想必還會再有延伸、變動。為幫助我們了解元宇宙究竟是什麼樣的世界，現階段先統一使用「元宇宙＝另一個世界」這個解釋來思考，可說是最合適的方案。

元宇宙是「另一個世界」

02 現實世界與元宇宙有何不同？

元宇宙並不拘泥於模仿現實世界，
而是要實現一個「方便好用的世界」。

　　倘若元宇宙是有別於現實的「另一個世界」，那麼它和現實世界的差異，又是在哪裡呢？那些常被拿出來介紹，標榜說是「元宇宙使用案例」的服務當中，總是少不了一些和現實世界如出一轍的電腦動畫（CG）。大家往往會覺得將現實世界複製到網路空間上很重要，事實上那並不是元宇宙的主要目的。元宇宙可說是只從現實世界當中截取出方便好用的部分，所形成的「另一個世界」，是用**有別於現實的常理**打造而成。我們可以創造一個忽略「重力」這種

有別於現實，是個「方便好用的世界」

現實常理的世界，也可調整虛擬替身的設定，讓你的年齡、性別等個人屬性和實體世界截然不同。像這樣能打造出脫離現實的「**方便好用的世界**」，才是元宇宙的本質。「用有別於現實的常理欣賞世界或偷閒喘口氣」這件事，在電玩遊戲和社群平台上其實早就在做。元宇宙這個世界，側重「使用者心目中的自在」，所以目前看起來，**娛樂**元素的確比較受到矚目，但它其實還可望運用在商業和教育等各方面。我預估，只要發生在現實世界的事，多數都能在元宇宙上實現，就會有人把生活的大部分都從現實世界搬到元宇宙，就像有些人會選擇移民到自己心目中認為最自在的國家一樣。

03

了解 VR、AR、MR 有何不同？

想了解元宇宙，那麼先明白「○○實境」的差異，
便顯得格外重要。

　　虛擬實境（Virtual Reality，簡稱VR）是指「在現實世界之外，另行打造的空間」，並具備以下三個元素：三度空間感（Presence）、即時互動（Interaction）、自我投射（Autonomy）。比方說，戴上VR專用的頭戴式顯示器後，我們會感覺到自己所體驗的世界裡，「有一個不同於現實世界的三度空間（VR空間）」，只要「在現實世界活動身體，就會連動VR空間，產生互動」，結果就是覺得自己「沉浸到這個世界裡」──當我們有這樣的感受時，這個體驗就是所謂的虛擬實境。相對的，AR（Augmented Reality）則是翻譯

它們各是什麼樣的技術？

震撼力十足！

VR大多翻譯為「虛擬實境」。在VR當中，你可感覺到自己沉浸在一個有別於現實世界，另行打造的空間。

VR (Virtual Reality)

成「**擴增實境**」。它是一種在現實世界的空間裡，用電腦「增添」虛擬物件（Virtual Object）的技術，隨著功能強大的智慧型手機普及而傳播開來。二〇一六年發行的《寶可夢GO》，就是AR遊戲的經典案例。這一款遊戲是在智慧型手機鏡頭所拍攝到的現實景物上，呈現出實際上並不存在這個空間裡的怪獸。還有，自拍應用程式SNOW和ZOOM的虛擬背景等，儘管都是不會讓人想到AR的場合但也都應用了相關技術。再者，被形容說是「介於VR和AR之間」或「AR進化版」的**混合實境**（Mixed Reality，簡稱MR），則是詳細掌握了現實空間裡的位置等資訊，並在當中加入虛擬資訊的一種技術。

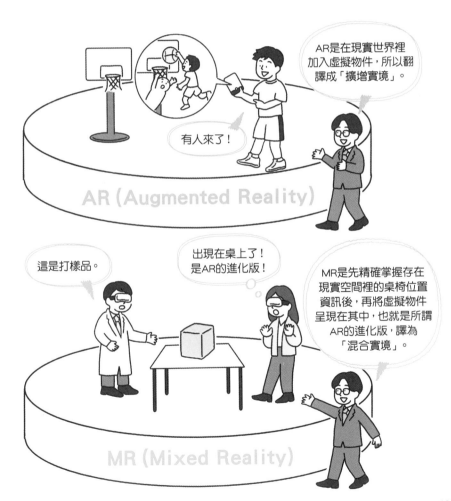

AR是在現實世界裡加入虛擬物件，所以翻譯成「擴增實境」。

有人來了！

AR (Augmented Reality)

這是打樣品。

出現在桌上了！是AR的進化版！

MR是先精確掌握存在現實空間裡的桌椅位置資訊後，再將虛擬物件呈現在其中，也就是所謂AR的進化版，譯為「混合實境」。

MR (Mixed Reality)

04 「元宇宙」和「鏡像世界」有何不同？

「元宇宙」和「鏡像世界」是兩個不同的概念。

　　「鏡像世界」是一個和「元宇宙」很雷同的詞彙。元宇宙指的是「有別於現實，方便好用的另一個世界」。它的目標，終究還是要打造出一個有別於現實的世界。儘管有時元宇宙上會製作出和現實相似的景觀，但那充其量也只不過是一種呈現方式。而鏡像世界則是先打造出和現實一模一樣的世界——即「**數位孿生**」，再由它**回饋**給現實的一種關係。元宇宙最大的價值，在於它是透過人際關係所建立起來的世界，是一個有別於現實，但對使用者而言很舒適

鏡像世界是複製現實

「鏡像世界」也蠻常聽到的，它和元宇宙有什麼不同？

我們說元宇宙是「有別於現實，方便好用的另一個世界」對吧？

元宇宙

自在的地方；相對的，鏡像世界會**與現實世界連動**，隨時進行資訊交換，並改變現實世界的狀態，這一點和元宇宙很不一樣。不過，也有人認為鏡像世界是包含在元宇宙當中的一部分，所以鏡像世界的定義，其實也還有一些尚待釐清的部分，各服務供應商會依自訂的標準，來決定服務的名稱。在這種情況下，元宇宙和鏡像世界就同樣是屬於「虛擬世界」的一部分。在元宇宙當中，VR的技術的運用越來越進步；而鏡像世界的實現，仰賴AR或MR技術是最合適的選項。

05 用VR 來數位複製你我 在現實世界裡的體驗

一般認為，以往必須親赴現場才能享受的體驗，
也因為VR技術的發展而得以複製的時代，已然來到。

就市場觀點而言，一般認為消費者的價值觀已從「物質消費」轉往「**體驗消費**」，各界都在致力推動體驗的商品化發展。例如歌曲作品如今已可複製檔案資料，淡化了它們的價值，於是音樂業界便將發展重心從銷售CD轉往演唱會、握手會等實體體驗領域。不過，隨著VR技術的發展，**重現**各種**體感**，進而以數位方式複製體驗的時代，已近在眼前。除了視覺資訊已有長足的進步之外，重現觸覺、嗅覺和味覺的研究，也都在發展之中。早期市面上就有一些臨

用VR重現「體驗消費」

場感十足的體驗裝置，例如賽車或**飛行模擬器**；而在專供娛樂使用的裝置方面，則有供玩家在佩戴頭戴式顯示器的狀態下，體驗高空彈跳的產品。據說在體驗過程中，還會用送風機對著玩家吹風，讓玩家的體驗更逼真。此外，也有業者已實際研發出重現握手、親吻和失禁等感覺的裝置。在不遠的將來，VR上的體驗很可能會變得比現實更有價值。

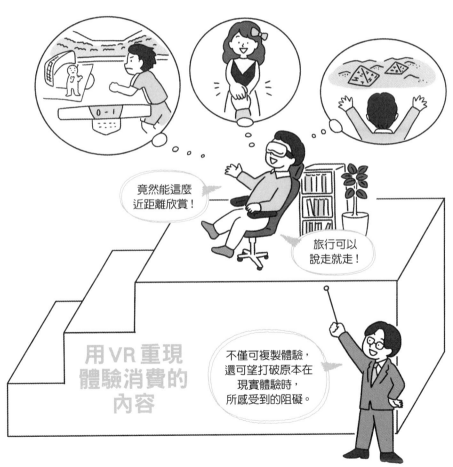

竟然能這麼近距離欣賞！

旅行可以說走就走！

用VR重現體驗消費的內容

不僅可複製體驗，還可望打破原本在現實體驗時，所感受到的阻礙。

06
從複製現實世界的 VR，轉往與現實世界連結的 AR

若要打造一個以現實世界為基礎的世界，選用AR技術最合適。

　　若要在數位空間裡重現現實世界，那麼在既有的現實世界裡加入一些虛擬資訊，應該會比從零開始來得有效率。而使用者在投入這種與現實世界無縫接軌的世界觀時，心理上也比較不會太抗拒。例如像《寶可夢GO》（Pokemon GO）、《勇者鬥惡龍WALK》（Dragon Quest Walk）等AR遊戲，就是透過「讓遊戲角色出現在螢幕上的日常景物中」等方式，巧妙結合現實與虛擬世界。這種使用方式很適合運用在娛樂領域，因此在遊戲、動畫等作品上，運用

日趨廣泛。還有，我們也可利用智慧型手機或**智慧眼鏡**（眼鏡型AR裝置），在應用程式中飼養「只有自己看得到得寵物」。除了娛樂業界之外，發揮AR優勢，將AR運用在商業領域，例如在我們無法空出雙手的情境下，運用AR查閱標準作業手冊等，也是各界評估的活用選項。至於在服務業等工作情境下，員工希望盡量減少「別開視線去確認顧客資訊」的麻煩時，AR也能派上用場。AR甚至還備受期待，希望它能成為輔助醫師進行外科手術的一項技術。若今後AR裝置變得更輕薄短小，電池續航力足以應付較長時間使用時，**商用**需求必定會激增。屆時因智慧型手機和平板電腦問世而普及的數位資訊運用，就會變得更方便。

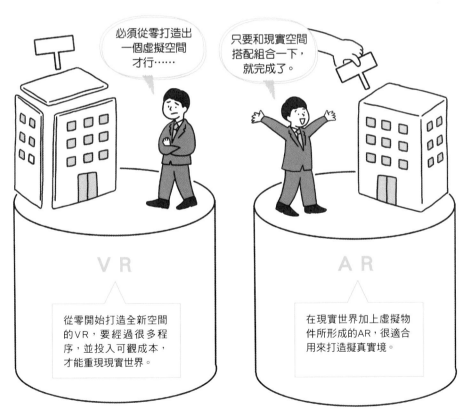

擬真實境是AR的看家本領

必須從零打造出一個虛擬空間才行……

只要和現實空間搭配組合一下，就完成了。

VR

從零開始打造全新空間的VR，要經過很多程序，並投入可觀成本，才能重現現實世界。

AR

在現實世界加上虛擬物件所形成的AR，很適合用來打造擬真實境。

結合實境與現實世界的《寶可夢GO》

透過AR獲得與動畫主角同樣的體驗，
引爆流行熱潮。

　　《寶可夢GO》是一款運用了位置資訊和AR的手機遊戲。它以現實世界作為場景，在當中進行遊戲。玩家要在**與現實世界連動**的遊戲地圖上，捕捉隨時出現的精靈寶可夢。此時手機螢幕上看到的，是寶可夢出現在眼前的真實景物中，而玩家則可享受到猶如實際捕捉寶可夢的樂趣。由於玩家需要前往特定場所進行遊戲任務，所以當年最轟動的時候，街上到處都可以看到有人拿著手機在玩《寶可夢GO》。它的玩家不分男女老幼，年齡層分布很廣。電視新聞還曾報導大批玩家聚集在特定地點，只為取得罕見寶可夢或道具的消息。精靈寶

寶可夢出現在現實世界裡

在哪裡呢？

被抓到了喵！

找到了！

快被找到了……

完全
找不到我。

寶可夢GO
耐安堤克（Niantic）公司於二〇一六年發行的一款智慧型手機遊戲，整個現實世界就是遊戲場景。而在玩家的手機螢幕上，則會出現疊加在現實場景中的道具或精靈寶可夢。

可夢出現在自己拿起手機拍攝的即時景象裡，給人虛實無縫接軌的感覺，想必也是這一款的迷人之處吧！儘管目前AR的運用仍以娛樂方面為主，但隨著相關裝置的進步，各界都看好它未來在商業上的應用。若將來智慧眼鏡普及，還能在只有我們自己看得到的世界裡，疊加更多資訊。例如在修理機器時，只要把設計圖和操作手冊投射到視線範圍內，技師就能自由運用雙手，視線的移動也能更聚焦——看似是一件小事，卻能有效的提高生產力。AR還有很多發展空間，各界已在思考它的下一步，研擬相關的技術開發和商業運用。

08 用VR 更深入的融入元宇宙世界

VR所打造的「沉浸感」，
能強化「我的確置身在元宇宙世界」的感受。

　　在元宇宙的世界裡，VR並不是絕對必要，但搭配使用VR，能更進一步豐富我們在元宇宙上的體驗。VR有這三個不可或缺的元素：「三度空間感」、「即時互動」，以及切身感受到自己的卻置身其中的「自我投射」。若再加上「我的確置身於此」的感受進一步延伸，所發展出來的第四個元素——能切身感受他人置身其中的「**社會互動**」後，就成了與現實世界相對的另一個世界。VR能為元宇宙帶來極大的變化，就像過去網際網路只能供我們瀏覽網頁，到

<h2 style="text-align:center">元宇宙 ✕ VR的沉浸感</h2>

了能讓人們即時交流的社群網站問世後，大大的改變了你我在網路上的體驗一樣。VR特有的**沉浸感**，讓使用者可以享受到「我的確存在這個（虛擬）空間」的**臨場感**。由於元宇宙的設計，是要打造一個「舒適自在、方便好用的世界」，所以只要再加入一套更能讓人感受到真實性的機制——VR，我們就能更深入的融入其中。所謂的「實境」，意思並不是指「高解析度的精緻畫面」，就算景物是三角形的饅頭山，虛擬替身是火柴人，也都不成問題。相較之下，我們和其他使用者流暢的對話、握手的感覺，或是擁抱、並肩走路的感覺，才是使用者心目中的「真實」體驗。

09

讓元宇宙更有深度的「虛擬替身」

透過虛擬替身與他人交流，
讓原宇宙的體驗更有深度。

「**虛擬替身**」（Avatar）是使用者可在虛擬空間中操縱的角色，取自梵文的「阿凡達」（Avatara），原意是神佛的化身，在此借指為「**自己的分身**」。由於使用者在VR裡可自由改變自己的外貌，就像神話故事裡的人物能改頭換面一樣，所以才會選用這個字。其實虛擬替身並不是元宇宙或VR裡固有的概念，廣義而言，社群網站上的圖示等，都算是一種虛擬替身。不論它們究竟是大頭照、動漫風格的插畫或動物照片，都不重要，只要是用來代表使用者本人的標誌，皆可稱為虛擬替身。在元宇宙的世界裡，我們認定虛擬

虛擬替身就是我們自己的分身

髮型要……

臉要……

服裝要……

能力強、穿著時尚，很為同伴朋友著想的個性。

這就是我理想中的自己！

打造虛擬替身

完成

替身就是它所代表的那個人。除了這樣的使用者辨識標記之外，在VR上的虛擬替身，還具備了使用者體驗VR空間時所需的「體現」（Embodiment）。使用者會在VR空間裡移動，動手抓取VR空間裡的物體，說話時嘴巴還會配合開閉，變化表情……等於使用者就是透過虛擬替身來體驗VR空間。虛擬替身不只呈現了我們的外觀，更發揮了一項功能，那就是為體驗VR空間的使用者帶來「我的確置身於此」（**自我投射**）的感受。

10 可透過虛擬替身展現個人特色

各具特色的虛擬替身，
在元宇宙上打造出多樣的社群。

　　元宇宙和現實世界不同，除非使用者願意，否則虛擬替身的外表，不必和現實世界裡的自己有任何關係，可自由選擇姓名、年齡、職業、性別、外表和動作。它隨手就能改頭換面，因此使用者可視情況使用不同的虛擬替身。有人會為虛擬替身設計心目中**理想的外型**，也有人選用動物或恐龍等**非現實的外貌**，大家各有所好，很能反映出個人特質。此外，還有一些男士會刻意選用動漫風格的美少女角色來當作自己的虛擬替身，我們稱之為「虛擬美少女化身」（虛美身）。對虛擬替身不是那麼熟悉的人，或許會覺得這樣的行為很詭異，

可化身為自己想要的外型

我想變成像演員那樣的大帥哥。

我想要全身都是肌肉。

要不要在元宇宙上換個性別呢……

現實世界

不過，這在元宇宙上是一種**展現自我**的方式，大家都能接受。當我們可透過虛擬替身來辨識自己和其他使用者時，社群便應運而生。偶然出現在同一個地方虛擬替身，剛好欣賞彼此的外表和舉止，於是這就樣有了聊天的機緣……元宇宙上的參與者就此開始交流，就和現實世界一樣。況且使用VR，還能即時且立體的掌握自己和其他使用者之間的位置關係，透過靠近、遠離、擊掌等資訊、對話，或是說話聲從何處傳來等方式，讓人感受到彼此的距離遠近（四周是擁擠、寬闊，還是遠處有一群人等）。而這樣的距離不斷變化，也製造了更多臨場感。眾人可共同體驗、一起享受上述這些樂趣的社群，就此誕生。

元宇宙上的人格與生活方式，都可投射到充滿個人特色的虛擬替身上。

這就是我心目中最理想的自己！

這樣就可以消除我的自卑了！

我心目中理想的女性樣貌，贏得了大家的認同。

元宇宙

11 可自由打造虛擬空間

可在元宇宙上打造自己心目中的理想世界。

　　有些元宇宙服務提供可自由設計空間的功能，使用者可在元宇宙空間裡，自由擺設磚塊或道具，還原各種實際存在的建築物，例如自己的家、城堡等建築物，或是海洋、森林等大自然，打造**自己想要的空間**。有一款名叫《Minecraft》（編注：大陸譯做《我的世界》，台灣亦稱《麥塊》、《當個創世神》等。）的知名遊戲，讓很多玩家從中體會到了「創造世界」的樂趣。在遊戲中，玩家會以疊磚塊的方式，打造出各具特色的空間。它基本上沒有通過關卡

自己想要的空間

就結束遊戲的機制，也沒有設定細膩的遊戲規則，玩法大都交由玩家自行決定。而這樣的遊戲，竟在二〇一九年超越了名留史冊的暢銷經典作品《俄羅斯方塊》，登上「全球最暢銷的遊戲」寶座。玩家能在各種平台進行遊戲，從電腦到家用電視遊樂器主機都能玩，固然是《Minecraft》風靡全球的原因之一，但更重要的，絕對是因為它能讓人「在虛擬世界裡打造自己喜歡的空間」的自由和樂趣，擄獲了廣大玩家的心。各界預期，未來在元宇宙服務領域當中，也會有越來越多備有「自由創造空間」功能的平台，以便讓使用者能在元宇宙裡，呈現自己心目中那個「方便好用的世界」。

讓玩家體驗「創造世界」樂趣的遊戲

好漂亮的住宅區啊！

這裡是森林嗎？

有電車經過！

這是在蓋什麼？

城堡應該還要花蠻多時間吧！

《Minecraft》這一款遊戲，可用磚塊打造出自己喜歡的世界來玩。它已於二〇一九年超越《俄羅斯方塊》，登上「全球最暢銷遊戲」的寶座。

Minecraft

12 「元宇宙＝遊戲世界」 這個認知是錯的

遊戲的確比較容易想像，
但它只不過是元宇宙的使用方法之一。

　　或許是因為遊戲最常被當作元宇宙的實際運用案例來說明，所以一般人往往會覺得「元宇宙＝遊戲」，其實並非如此。遊戲固然也是元宇宙的用途之一，但它在其他各方面的應用，更是被寄予厚望。比方說在元宇宙上購物，可以讓我們人在家裡，就能到現實世界裡根本難以想像的大型商店享受購物樂趣。還有，**元宇宙上的商業活動**究竟有多少發展潛力，也深受各界關注。像是把元宇宙當作一個「場地」，在上面開會或上課等運用方式，已相當普及。把

元宇宙的應用案例

說到元宇宙，大家最容易想像到遊戲，但其實它還有許多其他的應用案例。

購物
在店面寬敞程度或占地規模、商品的陳列方式等，都比現實世界更能自由操控的元宇宙世界裡，顧客可獲得更舒適的購物體驗。

該怎麼搭配呢？

使用者可依不同目的，分別聚集在各處！

衣服飄在半空中！

線上遊戲當作表演場館的演唱會、**虛擬展示會**等，也已開始萌芽發展。未來只要元宇宙成為永遠不被重置的空間，構成虛擬替身、道具所需的數據資料，也能在不同服務平台之間互通等，相關配套準備就緒時，想必就會有更多人體認到它是一個能創造利潤的地方。在現實世界裡進行的所有活動，都有機會在元宇宙當中呈現。只不過在新技術發展之初，遊戲等娛樂產業的應用比較容易宣傳而已。「脫離現實，但方便好用的世界」的發展應用，接下來才要正式開始。

13

從次文化觀點
解讀元宇宙

若想對元宇宙有更明確的想像，
運用次文化也是一個有效的辦法。

　　想了解元宇宙，不妨多參考一些次文化的作品。例如創辦VR裝置代表性品牌「Oculus」的帕爾默・拉奇（Palmer Luckey），就曾表示他小時候很喜歡讀《**潰雪**》。如果真的是因為接觸了這部目前公認最早出現「元宇宙」一詞的作品，而促成他日後創辦Oculus的話，那麼在次文化當中，可說是潛藏著一股改變社會的力量。次文化領域還有一些諸如此類，能幫助我們了解元宇宙的作

提示就隱藏在次文化裡

我在少年時期愛看的書，
就是《潰雪》。

滿心期待！

真是個有趣的
世界啊！

VR裝置代表性品牌
「Oculus」的創辦人，
也受到了次文化的影響。

品。比方說像是描寫主角用VR裝置，玩一款讓五感都沉浸到虛擬實境遊戲的作品——《刀劍神域》（Sword Art Online，簡稱SAO）；或是人類因為受不了現實世界的荒蕪，而轉往虛擬實境生活的「一級玩家」（Ready Player One）等，都是這樣的例子。若想知道元宇宙繼續發展下去的未來會是什麼模樣，或要想像它可能對人們的生活帶來什麼改變，運用次文化也不失為一個有效的方法。

能幫助我們了解元宇宙的作品

刀劍神域

二〇〇九年發表的輕小說，描述主角戴上VR眼鏡開始玩遊戲之後，竟被關在虛擬實境裡，只好為了逃出遊戲世界而設法突破難關的故事。

一級玩家

二〇一八年上映的科幻電影，劇情描述現實世界因環境污染和政局動盪而變得一片荒蕪，於是人們便逃進了虛擬實境裡，後來還為了這座虛擬實境創辦人的遺產，而引發一場又一場的對決。

其實很多作品都提到過虛擬實境。為增進我們對元宇宙的理解，建議你不妨多看看這些作品喔！

14 《刀劍神域》就是元宇宙的世界

這部動畫作品中，
具體的描述了對元宇宙世界的想像。

　　二〇一二年開播的電視動畫《刀劍神域》，是一部以「五感都沉浸在虛擬實境裡的遊戲」為背景，所描寫的作品。作品裡的玩家並不是透過電腦或智慧型手機的螢幕來玩遊戲，而是要戴上一個覆蓋住整個頭部的**頭戴式顯示器**，躺在床上，把自己的五種感官系統完全交給遊戲，沉浸到虛擬實境裡。而在遊戲當中，玩家可選擇自己喜歡的外型，自由移動。你我在現實世界平常就會做的

「完全潛行」到虛擬實境裡

故事始於二〇二二年！

被關在虛擬實境裡
遊戲主宰者向玩家宣布，直到有人破關之前，所有人都無法離開這個虛擬實境。

好像不能登出了！

直到有人破關之前

沉浸式遊戲……

所以是不能回到現實世界的意思嗎？

VR遊戲《刀劍神域》上線啟用
二〇二二年，一款讓玩家五感都沉浸到虛擬實境的VR遊戲——《刀劍神域》上線服務。

那些動作，包括走路、跑步和坐下等，都會直接在元宇宙裡重現。正當動畫主角等人完全進入虛擬實境的**沉浸感**之際，遊戲主宰者竟宣布，直到有人破關之前，所有人都無法離開這個虛擬實境。作品內容就是描述虛擬實境中接連有新遊戲啟動，主角持續戰鬥，最後花了兩年才破關的故事。儘管動畫的主角是因為發生意外，才被「關」在虛擬實境裡，但劇情中也描述到有些玩家本來就完全沉浸在這個元宇宙裡生活，可見這部動畫作品已經預見「有人選擇活在虛擬實境」的那一天，終將到來。

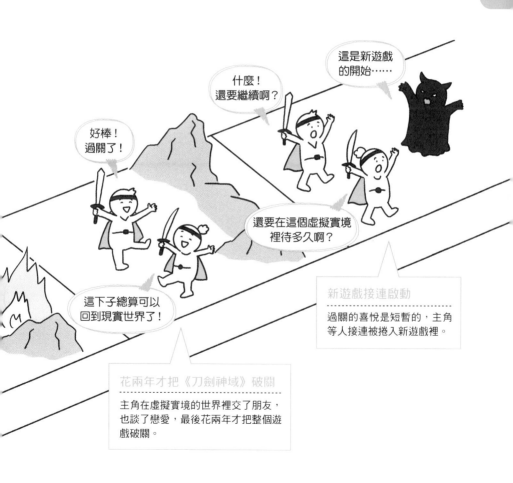

15

《電腦線圈》指出了
擬真實境普及後的世界

這部動畫作品描述了AR普及，
線下與線上融合的世界。

　　擴增實境（AR）的普及，深受**穿戴式裝置**的普及影響。所謂的穿戴式裝置，就是所有能穿著、佩戴在身上的裝置統稱，大家比較熟悉的是**智慧眼鏡**、智慧手錶。二〇〇七年開播的電視動畫節目《電腦線圈》（電腦コイル），就是以一個虛構的鄉下小城為背景，談當地連小朋友之間，都很流行「電腦眼鏡」這種眼鏡型裝置的故事。劇中人物隨時都佩戴著一款眼鏡式的裝置，日常生活隨時都處於連線狀態。就連我們用電腦、手機收發的電子郵件，都可視情況改用出現在空中的虛擬顯示器來處理。至於在作品中扮演重要角色

描述 AR 型擬真實境的作品

▨ 電腦線圈

二〇〇七年時在電視上播出過的一部動畫作品，描述一種有「電腦眼鏡」之稱的眼鏡型AR裝置普及後的世界。

不論是在日常生活、娛樂、學校上課、工作等各種場景，都會用這副眼鏡蒐集相關資訊的世界。

戴上那副眼鏡，就可以看得到我喔！

的寵物，則充分展現了AR的優勢。就連那些因故無法飼養寵物的人，也能把自己喜歡的動物影像，疊加到透過智慧眼鏡看見的世界裡，就能享受到宛如養了寵物的生活樂趣——其實它並不是只存在這部動畫作品裡的事。早在一九九○年代，就有業者推出了模擬熱帶魚水族箱的電腦遊戲《電子水族箱》（Aquazone）。這些比飼養機器寵物更能讓飼主省事的方法，想必會隨著數位裝置的進步而更加普及吧！

透過眼鏡觀看「電腦物質」

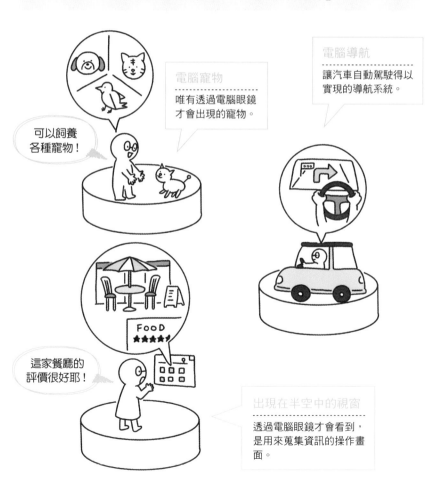

電腦寵物
唯有透過電腦眼鏡才會出現的寵物。

可以飼養各種寵物！

電腦導航
讓汽車自動駕駛得以實現的導航系統。

這家餐廳的評價很好耶！

出現在半空中的視窗
透過電腦眼鏡才會看到，是用來蒐集資訊的操作畫面。

16

「虛擬實境＝有別於實境的另一個世界」是日本的強項

據說在「打造有別於實境的另一個世界」這個概念上，
日本才是先驅。

在國際上，說到「虛擬實境」，通常會想到的是「以打造出一個與現實如出一轍的世界（＝**擬真實境**）為目標」。因此，歐美專家在製作VR內容時，都是從「忠實的臨摹現實」開始起步。像《刀劍神域》或《一級玩家》這種跳脫現實，建構新世界的形式，其實是屬於比較罕見的新穎想法。相對的，日本從早期就認為現實世界和VR是兩回事，所以在發展VR之際，便選擇了「打造有別於現實的另一個世界」這個路線，而不是仿照現實。日本和世界各國的

「Virtual Reality」譯為「虛擬實境」

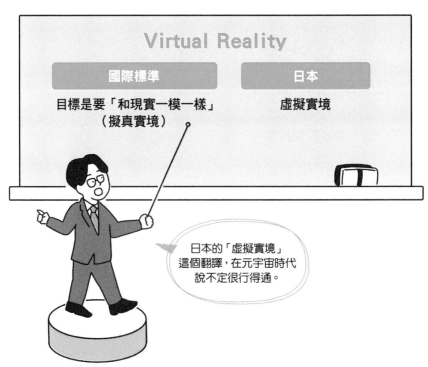

Virtual Reality

國際標準	日本
目標是要「和現實一模一樣」（擬真實境）	虛擬實境

日本的「虛擬實境」這個翻譯，在元宇宙時代說不定很行得通。

這個差異，究竟是從哪裡來的？儘管目前尚未找出明確的原因，但有一派說法認為，是因為日文把「Virtual Reality」一詞譯為「虛擬實境」（仮想現実）所致。國際上多半認為「Virtual」一詞的涵意，相當於「擬真」（和正品一模一樣）；而日本則認為它是「虛擬」（存在幻想裡的），以致於在日本，VR意指「有別於現實的另一個世界」的案例，變得越來越多。元宇宙既然是「脫離現實，但方便好用的世界」，那麼在進入元宇宙時代之後，已搶先在「虛擬實境＝有別於實境的**另一個世界**」這種觀念布局的日本，說不定將有大好機會降臨。

各國會選擇跟進日式的「Virtual Reality」嗎？

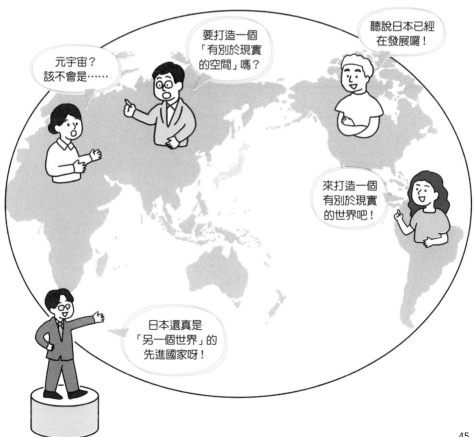

17 在社群網站上包圍你我的「同溫層」是什麼？

同溫層的存在，
把社群網站和元宇宙變成了舒適的空間。

　　所謂的**同溫層**（Filter Bubble），原本是在談網路上的搜尋結果，會因為搜尋引擎所提供的演算法當中，有為個別使用者「事前隔絕這個人可能不想看到的資訊」這種功能，讓人只會看到自己想看的資訊，簡直就像是被包覆在「泡泡」（Bubble）裡似的。後來又指「社群上的朋友關係，只侷限在屬性相近的一群人當中，自成一個小世界」的現象。當我們和社群網站上的朋友，在

社群網站的本質

社群平台就是要
讓大家連結世界的
工具，對吧？

我喜歡
動漫！

我喜歡
運動！

嗯……
其實好像也
不盡然啦！

FB

FACEBOOK

觀念、價值觀、生活水準等各方面屬性越相似，點「讚！」的數量就會隨之增加，我們的心情也會跟著變好。因此，業者便設下了重重濾鏡，把社群網站設計成一個讓人願意長時間開心駐留的園地——這就是社群網站所布下的天羅地網。儘管使用者本人會認為自己和好多朋友都有連結，幾乎不會意識到同溫層的存在，但實際上和自己有連結的，只有臭味相投的極少數人而已。有時，社群網站會被視為是一種「連結世界」的工具，然而，用「從浩瀚的世界裡，找出一個狹小而封閉的空間」這個詮釋，其實更貼切。

18 在社群網站的延伸上尋求發展的元宇宙

一般認為，社群網站的同溫層讓人感到舒適，
而元宇宙也承襲了這個發展脈絡。

在社群網站上，我們可只與志同道合的人相處。這份舒適，是以「**不會被攻擊**」為基礎，所發展出來的。既然同溫層讓我們與「相同價值觀」的人串聯在一起，就不必擔心彼此會因為價值觀的差異而爭執。若能確保使用者的心理安全感，且虛擬技術的進步，又使得風、氣味等觸覺，以及嗅覺上的體驗，都能在虛擬實境中呈現的話，那麼元宇宙剩下的問題，就只有「該怎麼讓人在這個世界待得更久」了。要完全排除「為了工作而離開」的情況，就要讓人可以

元宇宙是進化版的社群網站？

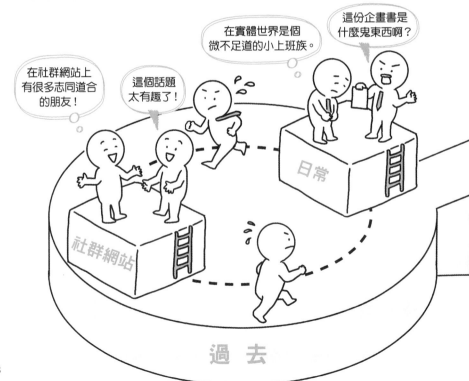

在元宇宙裡工作，進而從中獲得收入。如此一來，除了吃飯、睡覺、排泄和洗澡之外，人的所有大小事，都可以在元宇宙上處理。元宇宙是只取現實世界的優點，所形成的另一個世界。而現實世界裡的痛苦，不只有人際關係和工作。因意外事故、生病或衰老所造成的身體機能下降、缺損，也是人生在世的煎熬。即使是在現實世界裡步履蹣跚的身體，到了沒有設定重力的元宇宙，運用年輕有活力的虛擬替身，就能不受到現實世界那些「不方便」的影響。「另一個世界」總給人一種逃避現實的印象，但它其實也有「排除生活上的不便，營造便利、安全世界」的另一面。

19

以「多重宇宙」滿足多元需求

「可組成好幾個人數不多、感情融洽的小團體」，
這個想像應該是很實際的。

在電影世界裡描述的元宇宙，感覺上似乎是所有使用者都集中在唯一一片遼闊的大陸（虛擬實境）上。然而，實際上的元宇宙，應該是有好幾座小島，各類志同道合的夥伴分別在此聚集。元宇宙是根據一套「有別於現實，『對自己』說得過去的道理」來運作的世界。在虛擬實境當中，我們需要溝通的對象，應該就只同溫層裡的極少數人，這些人的價值觀都相同，不會有遭人否定的風險，是一個很舒適自在的地方。況且在虛擬實境裡，每個人都可挑選一個和現實截然不同的角色，來當作自己的虛擬替身。就連在現實世界裡很難更改的年齡、性別等個人屬性，都可隨個人喜好調整，甚至還能讓旁人做出我

元宇宙只有一個嗎？

一個大的元宇宙，很難滿足所有人的需求，對吧？

看起來都是一些光鮮亮麗的人……

我只想和同年齡層的人交流……

現實世界

元宇宙

們想要的反應。中年男士的「虛擬美少女化身」（虛美身）等，就是很好的例子。就技術層面來看，也會認為多重宇宙的普及，才是比較實際的方向。投入無上限的資金，固然可打造一個能容納上億使用者的虛擬實境，然而，重要的是這些使用者的**價值觀一致**的程度，究竟能有多少？就這一點而言，未來元宇宙運用方式的主流，應該是依據個人當下的需求，在幾個不同的小世界之間遊走，再從五花八門的世界觀當中，選出一個最合適的場域，盡情徜徉其中，而不是只有唯一選項。

如何照顧所有需求？

20

人工智慧的進步，
帶動了元宇宙的發展

「忠實重現平凡日常風景」的堅持，
是為元宇宙演繹沉浸感的幕後功臣。

　　近年來，遊戲作品呈現出了無與倫比的沉浸感。說風、街景和非玩家角色（Non-Player Character，簡稱NPC）的自然靈動，是居功厥偉的幕後功臣，一點也不為過。電腦動畫（Computer Graphic，簡稱CG）技術的發展，使得那些讓人乍看之下還以為是實景的「精緻」畫面越來越多。而在元宇宙的世界裡，各界也將投入莫大心力，以期能運用人工智慧（AI），呈現出「自然的感覺」。人類真的很奇妙，看到貓的圖形或火柴人，會覺得它們有幾分「真」；相反的，對於那些非常逼真的作品，卻會連「細微的不對勁」都很在意。所

人工智慧讓元宇宙的世界更繽紛

考慮地形的話……

拉開距離，分散一點！

我看我也跟上去好了！

我要去那邊喔！

NPC

AI　　AI

AI

非玩家角色自然的動作

人工智慧的運用，讓越來越多遊戲作品不只玩家生動，其他角色自然的動作，也很受到矚目。

以，越是乍看之下難辨真假的電腦動畫，更是各種動作都必須做到極其逼真。比方說，請你回想一下我們到現實世界的公園時，周遭會是什麼樣的情況。有家長帶小朋友、有人帶狗來散步，也有人快步穿過公園，還有人在整理花草……所有人都是自主行動，偶爾還會出現幾個交談的場景，對吧？所以在元宇宙當中，也要編寫程式，以便自動生成出這樣的情景，或在使用者做出動作時，讓周遭的舉止反應，就像是有人操縱的虛擬替身似的。也就是說，不只是人類，就連花草、鳥兒，甚至是被風吹起的塑膠袋，都要內建「生動」。人工智慧的進步，創造出了「更傳神的自然靈動」，也把元宇宙設計得更能讓使用者沉浸其中。

21

5G 的普及，讓元宇宙更貼近你我的生活

5G實現了高速大容量通訊傳輸，
讓元宇宙更細膩，更加速了它的普及。

　　有人認為，「5G」這個行動通訊系統的新規格，促成了元宇宙的普及。相較於現行的4G規格，5G通訊具有**高速、大容量、多點連接、低延遲**的特色，而這些都是民眾想透過行動電話系統進入元宇宙時，最需要的元素。若想讓元宇宙感覺起來更逼真，那麼世界觀的精雕細琢，便成了一大關鍵。而就是因為有這些透過使用者眼睛看到、耳朵聽到的背景畫面，或甚至是一個簡單的聲響，才能演繹出逼真的元宇宙——這就和為什麼要「讓遊戲裡那些非玩家角色的動作變得更生動」，道理是一樣的。此外，元宇宙能否即時對使用者的

5G 放大了人們對元宇宙的期待

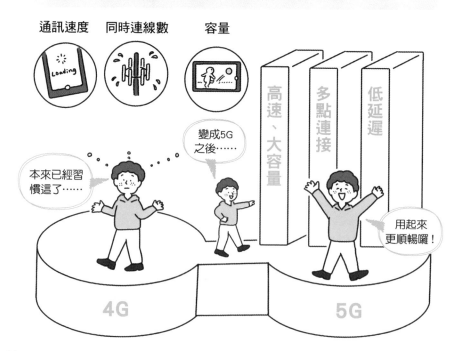

通訊速度　　同時連線數　　容量

Loading

變成5G
之後……

本來已經習
慣這了……

高速、大容量

多點連接

低延遲

用起來
更順暢囉！

4G　　　　　　　　5G

細微動作做出反應，進而有所回饋，這一點也很重要。畢竟在虛擬實境裡特有的視覺、聽覺擴增，應該也算是元宇宙的精髓。二〇一九年的世界盃橄欖球賽在日本舉辦，當時就曾針對「運用5G觀賞運動賽事」這個主題，進行了一項實證研究，提出許多運動賽事欣賞形式的新方案，例如觀眾在即時觀賞實況之際，可挑選自己喜歡的轉播攝影角度，也可隨時顯示比賽隊伍或選手的資訊等。此外，人潮聚集在像「虛擬澀谷」（Virtual Shibuya）那樣的虛擬空間，各自活動的場景，想必未來也會逐漸增加。在這些發展的過程當中，虛擬替身或背景細節的呈現更細膩，並縮短多人即時互動時的等待時間，可幫助那些不熟悉虛擬實境的使用者，降低他們進入元宇宙的門檻。

為什麼5G促進了元宇宙的發展？

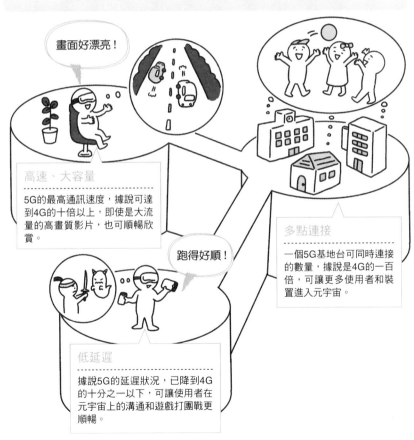

畫面好漂亮！

高速、大容量

5G的最高通訊速度，據說可達到4G的十倍以上，即使是大流量的高畫質影片，也可順暢欣賞。

跑得好順！

多點連接

一個5G基地台可同時連接的數量，據說是4G的一百倍，可讓更多使用者和裝置進入元宇宙。

低延遲

據說5G的延遲狀況，已降到4G的十分之一以下，可讓使用者在元宇宙上的溝通和遊戲打團戰更順暢。

元宇宙的未來①
「結局內容依觀眾視線動向而改變的電影」

　　很多人都說，隨著VR技術的進步和元宇宙的普及，電影和電視劇等影視作品的欣賞方式，也將出現變化。

　　二〇一九年春天，有業者宣布了一項劃時代的VR電影製作案，電影的結局將隨著觀眾的興趣、關注而變動。播映時會透過VR裝置來偵測觀眾的視線動向，再配合觀眾的喜好，讓劇情自然的發展出不同的方向。比方說，假設片中有好幾個人物出現，而觀察頻頻望向其中的某一人時，整部片就會自動選擇以這個人物為主線的劇本，發展後續的劇情。既然觀眾可透過VR沉浸到電影裡，情節又會隨個人喜好調整的話，說不定觀眾就能從中體驗到化身為劇中人物之一的樂趣。

真沒想到那個人竟然就是犯人啊！

什麼？我看的時候，根本不知道犯人是誰就結束了啊！

　　像這種根據觀眾的興趣、關注，預先準備多個結局的作品，我們稱之為「多重結局」。其實以往也曾有過多重結局的影視作品，在播放過程中，螢幕上會跳出橫幅選項，而後續的劇情發展，則會視觀眾選擇哪一個選項而定。在這樣的設計當中，加入ＶＲ特有的沉浸感之後，想必就能讓觀眾享受到更新穎的觀影體驗。因此，元宇宙上的觀影體驗，將可望帶給觀眾更勝現實世界電影院的臨場感。

2 Chapter

METAVERSE
mirudake notes

元宇宙是下一個
「殺手級服務」？

元宇宙被譽為是創造下一個時代的「殺手級服
務」。其實元宇宙這個概念本來就有，以往也曾
有過類似的服務問世。然而，為什麼直到今天，
它才如此受到各界關注呢？元宇宙接下來還會有
什麼樣的蓬勃發展？就讓我們一起來探討。

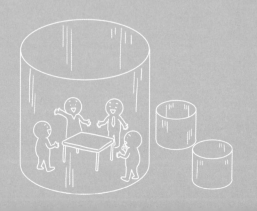

01 十年後就會看到 「人人都上元宇宙」的未來

元宇宙會如何變成大眾的歸宿？

　　電信業界人士和熟悉娛樂領域的專家預測，「人人都很自然的使用元宇宙的未來」將在十年後來到。目前元宇宙的運用案例，主要還是以包括遊戲在內的娛樂領域居多，但其實它還有朝商業、教育等領域發展的潛力。日常登入元宇宙的使用者，今後將逐漸增加。自二〇一〇年代後半起，《機器磚塊》

二〇三〇年的元宇宙世界

（Roblox公司）、《要塞英雄》（Fortnite公司）和《集合啦！動物森友會」（任天堂公司）等3D遊戲的世界被當作是一種元宇宙，廣受各界歡迎。許多演唱會等活動也都紛紛在這些平台上舉辦，甚至還有一場就能吸引一千萬人同時參與的演唱會活動，是在實體世界根本不可能實現的規模。接著在二〇二一年，臉書（Facebook）等全球科技巨擘宣布跨足元宇宙事業。這使得體驗元宇宙所需的環境建置開始急速發展，新的元宇宙服務和功能更強大、價格更便宜的裝置也接連問世，市場蓬勃發展，備受矚目。當元宇宙不再只是渡過歡樂時光的場域，裡面開始出現工作，發展出熱絡的經濟活動之後，就會有新的業者接連投入。而當各領域的業者在這裡發展出五花八門的服務之際，來到元宇宙上的各路人馬，在屬性和數量上都會更多、更廣。

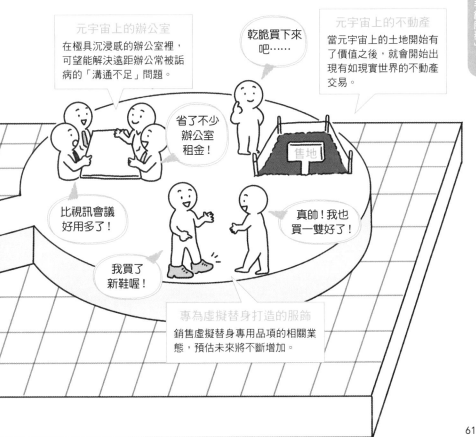

元宇宙上的辦公室
在極具沉浸感的辦公室裡，可望能解決遠距辦公常被詬病的「溝通不足」問題。

乾脆買下來吧……

元宇宙上的不動產
當元宇宙上的土地開始有了價值之後，就會開始出現有如現實世界的不動產交易。

省了不少辦公室租金！

售地

比視訊會議好用多了！

真帥！我也買一雙好了！

我買了新鞋喔！

專為虛擬替身打造的服飾
銷售虛擬替身專用品項的相關業態，預估未來將不斷增加。

02

只要環境建置完成，人人都能立刻得心應手

透過「應該會用就好」的介面，
使用者就可不必經過特別訓練，降低使用的門檻。

　　為了讓元宇宙更普及，服務營運商有一個無論如何都必須跨越的高門檻，那就是要降低使用者的**熟練成本**。換言之，就是如何讓使用者「熟悉」自家服務。在元宇宙的「環境」當中，能讓缺乏虛擬實境經驗的使用者，也能直覺式操作的友善介面，非常受到重視。在網路世界裡，服務營運商能靈活且很有彈性的研發，但使用者可就沒這麼輕鬆了。他們在網路、手機和個人電腦等看

使用者可順利融入元宇宙世界的原因

電腦、功能型手機
（傳統手機）

不同裝置之間的操作感差異
極大，軟體操作要能得心應
手，需要相當程度的熟練，
是很顯著的問題。

1990
年代

這個不學恐怕就
不會用了吧……

只要機型一換，
就完全不會操作了

UI（使用者介面）

似相近、實則不同的產品或服務之間徬徨遊走，結果最後還是無法接受這些工具——過去有很多這樣的案例。今後，如何做出可降低熟練成本，為不熟悉操作的使用者減輕壓力的服務設計、畫面（資訊）設計，至關重要。近年來，由於服務營運商提供的**使用者介面**，以及使用者本身的操作素養皆有提升，整個社會目前正朝向更能接受元宇宙的方向發展。說「使用者介面」（User Interface）是未來元宇宙能否成為社會基礎建設的關鍵，其實一點都不為過。

第一次使用
也能輕鬆上手

有很多可以憑
直覺使用的應用
程式喔！

2010
年代～

2000
年代

的演進

智慧型手機崛起，走向元宇宙

智慧型手機的普及，再加上觸控面板使用方便，憑直覺操作就可使用的應用程式和服務也隨之增加。看來元宇宙服務的使用者平台，也會繼續承襲這種精雕細琢的路線。

03

元宇宙的向心力來自「社群」

元宇宙的迷人之處，
就在於它有一些由使用者所組成的社群。

　　若用最簡單的方式來描述元宇宙的功能，我們會說它是一個「場域」。對使用者而言，元宇宙之所以成為一個引人入勝的場域，是因為它有許多由價值觀相近者所組成的**社群**，能讓人在這些社群裡彼此溝通。有時我們可能也會需要一些不與人往來，也不屬於任何一個族群，只是獨自佇足在VR空間裡的時間。然而，自始至終都獨來獨往，就和暗自躲起來寫日記一樣——畢竟使用

尋求溝通

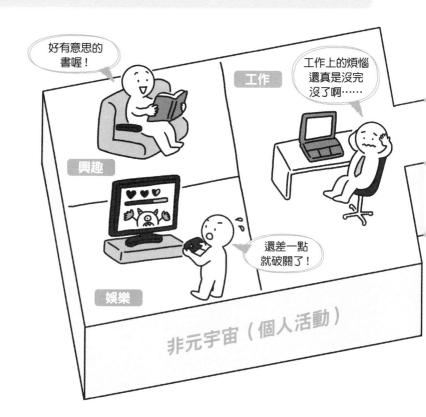

者對元宇宙的向心力，還是來自於活動體驗，例如與其他參與者溝通、購物、創造、銷售等。找尋有望獲得理想溝通體驗的社群，再加入其中的樂趣，會讓使用者很著迷。若是和興趣、價值觀相似的人為伍，在溝通上的成本（留意自己的表達方式，以免被人誤會）與風險（因為「說者無心，聽者有意」的誤會而引發爭執、圍剿）就會降低。對於元宇宙的使用者而言，參加這些能提供心理、社會安全感和安心感的社群，想必是吸引他們來元宇宙最強大的動機了吧！

04 繪圖功能大幅提升的關鍵

元宇宙開始受到矚目的背景因素之一，
就是繪圖功能的提升。

市面上開始出現一些可欣賞到宛如實景影像的電玩遊戲作品，其實是在進入二十一世紀以後的事。一九八〇年代，任天堂紅白機問世之初，家用電視遊樂器還只不過是小朋友的玩具；而在電腦上玩的，也都還只是一些給電腦迷用鍵盤輸入來玩的純文字式遊戲。到了一九九〇年代至二〇〇〇年代，GPU（繪圖專用處理器）技術更進化，使得遊戲作品的視覺效果有了顯著提升，使用者的年齡層也因此而變廣，電玩遊戲終於得以成為一項大人也能享受的娛樂。

繪圖技術推動了元宇宙的發展

到了現在，我們還能即時操作許多乍看根本無法辨別究竟是不是真實影像的CG。它們原本是電玩遊戲領域所開發出來的技術，卻也是享受元宇宙樂趣所不可或缺的要角。由於GPU和螢幕**解析度**的提升，如今CG已可呈現4K、8K，甚至是16K的高精細影像；而用來表示每秒影片以多少圖像連續呈現所構成的「**影格速率**」（Frame Rate）提升，使得影片呈現更加自然流暢。這些因素，都是可望促成元宇宙普及的強力柴火。儘管以往在市場上也曾出現元宇宙的概念或類似服務，但直到今日才開始受到矚目的原因之一，就是因為這些繪圖功能進化的加持。

解析度提升

GPU（在繪圖功能中負責運算處理的半導體晶片）和螢幕解析度的提升，讓4K、8K、16K等高畫質的影像畫面得以實現。

反應速度提升

用來表示每秒影片以多少圖像（影格）連續呈現所構成的「影格速率」提升，使得那些連毫秒都計較的遊戲玩家，以及其他廣大使用者得以體驗到更自然、流暢的影像。

畫質好棒喔！

動作好流暢！

精美、流暢的影像體驗

05 「沉浸式裝置」的進化，加速元宇宙的發展

使用沉浸式裝置，
讓人更深深感覺自己完全進入元宇宙的世界。

　　早期遊戲主機的功能不多，只能呈現文字或線條，但還是有些人在這樣的時代裡，享受當時這種虛擬世界所帶來的樂趣。要玩出這種遊戲的樂趣，需要具備一些前提知識，還有很多需要自行靠想像力補足的部分，當年可說是只有部分死忠支持者熱情投入。另外，如果只是要沉浸在虛擬現實裡的話，以往就有很多人會享受「小說」這種娛樂所帶來的樂趣。既然光只有文字資訊，也能讓人沉浸到作品的世界裡，那麼如果還有眼睛看到的影像、耳朵聽到的聲音

等諸多資訊，沉浸到虛擬實境裡就會變得更吸引人。未來，市場需要更不影響使用者沉浸到虛擬世界的裝置，例如更輕薄短小的**頭戴式顯示裝置**、內建耳機的頭盔等。在人類從事各種活動的時間當中，能憑個人意願選擇行動的時間——也就是所謂的「**可支配時間**」，長期以來一直是搶手的兵家必爭之地。所有服務營運商無不絞盡腦汁，只為了想搶占更多個人的**可支配時間**。當使用者不論工作或娛樂都在元宇宙上進行時，能讓人即使長時間使用也不覺得疲倦，而且一穿戴在身上就能即刻反應、自然使用的裝置，想必正是今後的一大挑戰。這場可降低元宇宙使用門檻的沉浸式裝置**開發競賽**，為元宇宙帶來了更多使用者，以及更多可能。

觸控面板
可直接碰觸螢幕操縱的觸控面板，讓輸入的自由度和操作性皆大幅提升。

只要穿戴上這些裝置，就能潛入數位世界！

一碰
就有反應！

操作
真簡單啊！

頭戴式顯示裝置
頭戴式顯式裝置能讓我們眼前的整個世界變成螢幕，還能將身體的一舉一動仔細的輸入電腦裡。

的進化

06 從現實世界的惱人煩擾中解脫，沉浸到另一個世界

在元宇宙上的溝通，
不像現實世界那麼容易發生摩擦。

　　在現實世界裡，有著懷抱各種不同想法的人。當今社會，各界已體認多元與**個人權利**的重要性，因此溝通的難度更是不斷攀升。在「尊重自由」的趨勢已成顯學的當今社會，人與人之間所爆發的糾紛，會找不到解決的共識，甚至還有人因此而天天過著勞心傷神的日子。當社會開始接受多元價值觀之後，

現實世界讓人喘不過氣？

結不結婚都是
個人自由！

穿著打扮都是
個人自由！

沒有固定工作
也是個人自由！

尊重自由的時代

你我與人發生衝突的風險便因而上升。但只要到社群網站上，和志同道合的同伴聚在一起，就能默默的滿足我們的自尊需求和自我肯定。其實社群網站的本質，就在於打造一個「與價值觀或屬性不合的人切斷連結，雷同的人則物以類聚」的世界。所以會只從龐大的母群體當中，挑出衝突風險較低的人，營造出舒適的封閉空間。大多數元宇宙使用者目前仍在現實社會中經營生活基礎、工作和學業等社會生活，再設法抽出私人時間來登入虛擬實境。不過，要是在虛擬實境中能提供處理工作、學業，甚至感情生活的相關服務，想必使用者泡在元宇宙上的時間一定會變得更長。在這個尊重自由的時代下，仍有人備感煎熬。這些人的存在，讓各界更看好元宇宙的發展。

結婚了嗎？

這是結婚騷擾喔！

差不多該找個穩定工作……

我明明沒有什麼特別意思啊！

那樣就不自由了！

我覺得有固定制服比較輕鬆……

這是我個人的生活方式，你別多嘴！

強調自由的社會

溝通上的風險增加

認同多元價值觀的社會，其實也可說是溝通風險極高的社會。你我無心的一句話，都可能觸怒對方。

71

07 疫情下普及的「遠距」行為，有了元宇宙更舒適

新冠疫情讓「遠距」成了司空見慣的一般選項，
這一點也讓元宇宙普及的環境更趨成熟。

　　二〇二〇年爆發的新冠肺炎疫情，讓我們學到除了實體之外，還有其他「面對面」的方法。**視訊會議**系統如野火燎原般的普及，職場、學校在兵荒馬亂之中，仍一步步的找出了運用的方法。然而，我們從這件事情當中，也可以看到一些數位落差：有人因為一味的想把既往的做法全都搬到視訊會議上，而感到諸多不便；也有些使用者在運用視訊時，因為懂得掌握**遠距**的特色而成效卓著。整體而言，加入元宇宙元素的案例，成功的彰顯出了「遠距特有」的優

疫情讓我們看見遠距的各種可能

視訊會議、大家一起欣賞
運動賽事

點。越來越多的案例是因為著眼於與會者置身在同一地點、面對同一方向的重要性，而選擇用虛擬替身在虛擬空間裡集合，一起工作、上課，參與活動等。儘管元宇宙是虛擬實境，但在有座位、又可讓每個人都有存在感的虛擬辦公室裡，每次擦身而過的閒聊等情況也會發生，就像在實體的辦公室一樣。當我們不見得一定要與人直接面對面時，就能更策略性的選擇見面或不見面。儘管目前還只有特定業種使用，但隨著相關技術的發展，適用範圍也將逐步擴大。只要能讓人願意花更多時間待在虛擬實境裡，就會有更多從頭到尾都在虛擬實境裡完成的工作，或是必須在虛擬實境裡才能成立的工作，而不是只有把實體的公司業務搬到虛擬實境的世界裡。

08 能顛覆「有實體就好」的價值是？

不僅是「實體的替代品」，
元宇宙裡還有「比實體更高的價值」。

　　當元宇宙成為社會基礎設施之後，人們就會花更多時間待在元宇宙。其實現在就已經有人長時間都掛在社群網站上，不過，完整的元宇宙就是「另一個世界」，所以上面應該會有工作、學校，還備有娛樂和放鬆休閒的地方等，一應俱全。如果只是要把現實世界拿來冷飯重炒，那就沒有必要特地投入時間、金錢把現實搬到元宇宙上，甚至還會讓人萌生「有實體就好」的想法。然而，

有「比實體更優質」的體驗

很好懂！

這是興建中的大樓，原尺寸大小。

眼前突然出現一棟大樓！

比方在簡報過程中，興建中的大樓物件突然以原尺寸大小出現等……這些在現實世界不可能做到的事，都可在元宇宙實現。

元宇宙不會淪為冷飯重炒，是因為它存在的目的，在於「超越實體，成為更舒適一點的地方」。元宇宙上的每一個體驗，或許都和現實世界相同，內容司空見慣。不過，如果每一個體驗，都比實體更方便好用一點，那會怎麼樣呢？日常生活中那些理所當然存在的零星壓力，就會一點一滴的被排除，發展出一個舒適的世界。上課用**互動**式教材快樂學習，無論學生答錯幾次，負責指導的虛擬替身都不會生氣；工作上的簡報，則可用一些華麗的呈現，說不定效果更好。再加上閱讀、藝術鑑賞等方面，如果都能在元宇宙上獲得**比實體更優質**的體驗，那麼「如果只是實體的替代品，那有實體就好了」的觀念，勢必就會被推翻。

目前在遊戲世界中最接近元宇宙的是？

據說《要塞英雄》這一款線上對戰遊戲，
是目前最接近元宇宙的遊戲作品。

　　自二〇一七年開始提供服務的線上遊戲《要塞英雄》，其實原本的設計，是要玩家彼此組隊打團戰的**射擊遊戲**。玩家可透過精緻的3D呈現，欣賞雷霆萬鈞的戰鬥畫面。不過，由於後來這一款遊戲又發展出了其他的運用方式，因此也被譽為是「最接近元宇宙的遊戲」——因為當玩家處於「不戰鬥」的模式時，還是能透過文字或語音和其他玩家聊天，或是更換造型、道具等，用自己喜歡的方式消磨時光。有人講究虛擬替身的外觀，有人玩捉迷藏等小遊戲，還

最接近元宇宙的遊戲

要塞英雄
埃匹克娛樂（Epic Games）在二〇一七年發表的線上射擊遊戲，在個人電腦、家用遊樂器等平台上都能玩，席捲全球玩家。

在各種不同地形作戰的射擊遊戲！

《要塞英雄》是什麼？

可以悠哉的瀏覽這個世界。志同道合的小族群，可在《要塞英雄》這個大系統之中過得開心自在。甚至還有音樂人運用這些功能，在這裡舉辦演唱會等活動。這種宛如置身主題樂園或行人徒步區的自由與輕鬆，使得《要塞英雄》也成為一種享受虛擬實境樂趣的方法，接受度很高。實體聚首會受到移動時間、交通費、身體限制等因素阻隔，在元宇宙上只要登入就能集合。最重要的是，在《要塞英雄》的世界裡，虛擬實境並不只是實體的複製或向上相容（Upward Compatible），而是讓使用者體驗到實體世界裡不可能實現的事，並從中獲得優於實體的體驗。它的存在，是另一個有價值的世界。

多樣模式吸引玩家

創意模式（Creative Mode）

玩家可在自己的島上，打造自己喜歡的內容、自由配置的模式。玩家還可邀請其他玩家到自己建造的島上來玩。

皇家派對（Party Royale）

玩家在島上玩小遊戲或參與活動的模式。二〇二〇年時，還曾有知名音樂人在皇家派對上開演唱會。

射擊遊戲以外的面向

10

《要塞英雄》一枝獨秀的祕訣是？

豐富的溝通功能，永不結束的遊戲，
讓使用者可以一直樂在其中。

　　《要塞英雄》長期以來能不斷吸引使用者加入，有幾個可能的原因。其中之一就是除了在射擊遊戲上有「大逃殺」（Battle Royale）這種最原始的玩法之外，還備有不必參與戰鬥的「**創意模式**」。在這個模式當中，玩家可專心建造自己的世界，或悠哉的消磨時光。此外，虛擬替身的服裝造型種類豐富，

受歡迎的原因和元宇宙的各種可能

豐富的外型
備有多種皮膚（服裝造型），讓玩家可以極具特色的外型進行遊戲。

表情動作
可用包括手勢和舞蹈在內的「表情動作」（Emote）來表達情緒感受，與其他玩家溝通。

語音聊天
不論是戰鬥時的合作，或閒話家常，玩家都可透過語音彼此溝通，是很受歡迎的功能。

好可愛的髮型喔！

真開心！謝謝！

OK！

有很多種玩法喔！

先撤退吧！

豐富的溝通功能

還可用手勢或舞蹈自由的表達情緒感受。對戰本身也設計得很引人入勝，沒有預設結束，能防止玩家因為「已經打倒大魔王，所以這個遊戲就破關了」而離開遊戲。我們可以這樣說：這個案例，遊戲營運方並沒有仔細的設定什麼樣的世界才是玩家心目中舒適的環境，卻成功的滿足了每位使用者不同的需求。小孩、長輩都會使用的卓越操作性，備齊必要器材時相對便宜的初期成本，以及不光只是一味殺氣騰騰的作品氛圍，讓《要塞英雄》成功虜獲了其他同類遊戲作品沒有照顧到的玩家。

大逃殺
要戰鬥到剩下最後一人或一組的對戰模式。對戰地形會隨著定期更新而出現變化。

我不會輸的！

新故事開始了！

還差一點就完成了！

建築師元素
可自由配置自己喜歡的建築物或道具，打造出一座只屬於自己的島。

完成之後，就把這裡當作我的據點！

無窮無盡的世界

就遊戲作品而言，沒有結束的設計，也是它能不斷吸引玩家投入的原因之一。

二十年前就引進元宇宙概念的服務？

堪稱為元宇宙先驅的《第二人生》，
早在距今約二十年前就已問世。

　　《第二人生》是由林登實驗室（Linden Lab）經營的虛擬實境，自二〇〇三年開始上線服務。儘管受矚目的程度偏低，卻一路發展迄今。當年《第二人生》最劃時代的創舉，就在於它是「未揭示明確目的」的服務。雖然這一款作品被歸類在遊戲，但其實應該說它是「為了讓人『生活在其中』的另一個世界」──有人把它當做找人聊天的地方，也有人是來參加虛擬實境上所舉辦的活動，還有人是為了讓自己在虛擬實境裡過得更充實，而投注心力……目的

讓使用者意識到這是「虛擬實境的世界」

第二人生

林登實驗室在二〇〇三年推出的服務，是一個虛擬實境平台。使用者可以在這裡打造自己喜歡的空間，或與其他使用者（虛擬替身）交流。

第二個人生！

元宇宙的先驅？

五花八門。有些人在作品裡蓋了房子，想對裝潢擺設多一點講究，卻不見得每個人都有卓越的美感，能做出理想的物件。於是擅長設計或製作物件的人，就在《第二人生》當中賣起了這些技術，市場也就應運而生。虛擬實境裡的貨幣——**林登幣**竟可與現實世界的美元連動，還可兌換成現實世界裡的貨幣，帶給玩家很大的震撼。原來「在虛擬現實中賺到可於現實世界使用的金錢收入」，早已成真。《第二人生》想打造的，不是像社群網站那樣的溝通工具，而是「讓人沉浸其中」、「能生活在其中」、「甚至還可以賺錢」的園地。而這些構想，堪稱是比元宇宙早了二十年。不久後，有人開始用高價買賣在這個虛擬實境中獲得肯定的精美物件，甚至一度因為成為**投機炒作標的**而躍上新聞版面，熱度可見一斑。

使用者能以自己想要的方式消磨時光

要怎麼破關？

沒有所謂的破關，就只是大家各自做自己喜歡的事而已。

你從事哪一行？

我是插畫師！

好酷！

我要買！

這棟建築要出售！

不是有目的的「遊戲」

12 《第二人生》退燒的原因

雖然這個新穎的構想吸引了各界的關注，但當時的技術水準和
社會狀況，成了讓使用者穩定使用的門檻。

　　《第二人生》後來迅速走入幻滅期，其實有好幾個原因。其中之一是由於虛擬實境需要靈活運用「宛如現實般的影像」，而當時的繪圖、通訊技術，還無法完整呈現。《第二人生》的3D模型是所謂的**低面數圖像**，動起來很不流暢，表現手法也不如現在那麼豐富。即使是在當時，看起來都像是稍嫌過時的遊戲畫面，無法提供足夠的細膩，讓大人覺得「想長時間待在這裡，它很值得我投注更多時間」。不過，還是有部分使用者不以為意，玩起了《第二人

太早問世

「在虛擬實境中自由生活」這在當時是很新穎的概念……

前所未有，是個看起來很有意思的服務呀！

第二人生於2003年開始上線運作
二〇〇三年，林登實驗室開始經營《第二人生》平台。

不過就是處理速度稍微慢了一點……

生》。平台上的所有服務也都化為各項職業，並開始運作，部分作品後來還變成了投機炒作標的，可見它的確具有發展成新經濟圈的潛力。另一方面，「賺錢」這個行為，即使是在虛擬世界裡，仍強烈受到**規模經濟**的影響。然而，《第二人生》的使用者人數，並沒有達到足以形成規模經濟的規模。儘管廣告公司等業者競相在平台上投放廣告，但後來也表示其實沒有得到預期的廣告效果。《第二人生》讓我們看到了虛擬實境的各種可能。可惜就一個虛擬實境落地應用的平台而言，它無法持續撐起整個世界觀的發展。

2016年
Oculus Rift上市
Oculus推出第一款專為一般消費者設計的VR頭戴式裝置。

2007年　第一代iPhone上市
蘋果（Apple)推出第一代iPhone，成為網路、線上遊戲與服務普及到一般民眾生活的契機。

直覺式操作，操作簡單！

就像真的在現場一樣！

畫質很棒！

可以帶到任何地方！

有好多應用程式欸！

可惜螢幕太小，很難看清楚。

若從技術發展及隨之而來的使用者變化來看，或許當年《第二人生》走得太前衛了一點。

13

還有一派主張「NFT」是元宇宙上的必需品

有些企業認為，可主張數位作品「獨創性」的NFT，
是元宇宙上的必需品。

　　所謂的NFT，是「非同質化代幣」（Non-Fungible Token）的簡稱，是建構在區塊鏈上的一種數位資料。以往，大眾認為數位資料可大量複製也不變質，但又可以竄改，所以歌曲、樂器演奏的錄音，以數位方式製成的圖片資料等，資產價值會變得很低。而NFT則是強調可在區塊鏈上發行數位資產所有權證明的一種技術，試圖記錄、確認與每件數位資產所有權移轉相關的資訊，例如資產曾於何時轉經何人之手後，目前存在這裡等。然而，現在頂多只能在特

數位資料很容易複製

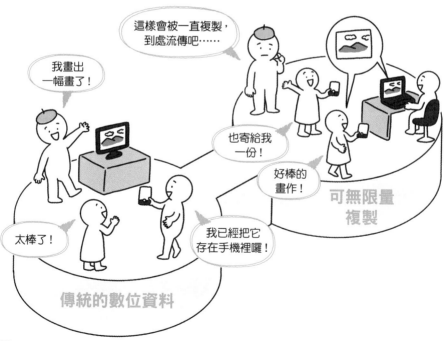

定條件下，確認該代幣的唯一性。比方說，假設某件藝術品有真品和贗品，贗品可以透過NFT發行，說不定還會有人從創作者手邊竊走藝術品的真跡，再轉為NFT藝術品。區塊鏈可證明的，就只有在該區塊鏈上的**唯一性**，因此同一件作品，可在A區塊鏈和B區塊鏈上重複發行NFT，也無法保證創作者的身分真假。在元宇宙上勢必會有**數位資產**的交易，所以需要安全、方便的付款機制。未來，使用者在元宇宙上工作，進而賺取報酬的機會也會越來越多。然而，NFT或區塊鏈是否真的適合用在元宇宙上，後續還需要審慎釐清。

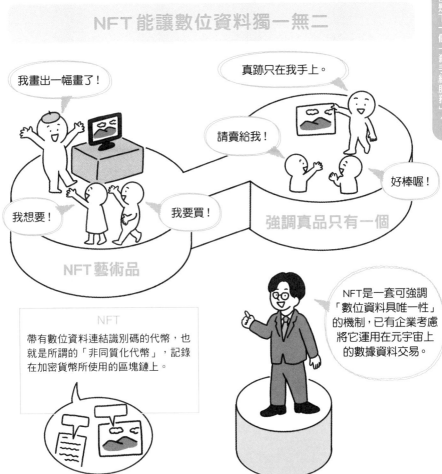

NFT能讓數位資料獨一無二

我畫出一幅畫了！

真跡只在我手上。

請賣給我！

好棒喔！

我想要！

我要買！

強調真品只有一個

NFT藝術品

NFT

帶有數位資料連結識別碼的代幣，也就是所謂的「非同質化代幣」，記錄在加密貨幣所使用的區塊鏈上。

NFT是一套可強調「數位資料具唯一性」的機制，已有企業考慮將它運用在元宇宙上的數據資料交易。

14 因元宇宙而生的新職業

讓人可在元宇宙上舒適生活的必備技術，
都有發展成職業的潛力。

　　當我們想要一個和自己外觀相似的**虛擬替身**時，最好能運用自己手邊的軟體或設計工具，打造出一個自己滿意的作品。然而實際上，有能力打造出理想虛擬替身的人並不多。如果是講究獨創性的人，恐怕不惜付錢，也要拿到虛擬替身穿的某些**服裝造型**、配件等。有些人認為，在元宇宙的世界裡，人們可跳脫肉體或社會立場等屬性的限制，但也因為這樣，反而呈現尋求自我肯定和自我效能的趨勢。「付費解決個人問題」這件事其實就和現實世界一樣，那麼究竟有何新穎之處呢？答案是「協調、整合整個虛擬世界的技術」。工程師、導

元宇宙帶來的需求

我想剪一個帥氣的髮型。

META HAIR

但我不擅長製作虛擬替身。

可以啊！我們一起想辦法吧！

元宇宙髮型設計師

演和音樂人等職業，都已朝符合VR生態的方向不斷進化——為了在VR上成功舉辦演唱會或聯誼相親，必定會發展出導演或顧問的需求；要製作虛擬物件，還要讓它們做出合適的動作，程式設計師也將成為不可或缺的要角；要會做3D動畫，要懂得如何製作精美的3D物件，甚至還有活動的宣傳、受理報名和參加人員的管理等，都需要具備元宇宙特有的專業知識。綜上所述，元宇宙上可能發生的每個困擾，都是業者發展新事業的靈感——這一點和現實世界完全相同。

15 元宇宙在教育上的應用

元宇宙在教育方面的應用，
和娛樂領域同樣備受期待。

　　新冠肺炎的疫情，促成了「**線上課程**」的普及。學生不必出現在教室裡，也同樣能上課的做法，的確是一大進步。然而，元宇宙在教育方面的應用，有許多備受期待的優點，更是線上課程無法企及的。VR和元宇宙不僅能給每個學生知識，還能提供「體驗」。不論是近距離仔細觀察珍貴史料，或是親身體驗稀有的自然現象，甚至是安全的操作實驗等……這些在傳統教學型態中被認為很難做到的「個人體驗機會」，有了VR或元宇宙，就能安排得很豐富。只要運用VR眼鏡和手套等裝置，人的感受就能更接近真實，卻可以在不必實

元宇宙上的教學，比現實更方便好用

在現實世界的學校裡，
全校學生只有五個人。
不過，只要來到元宇宙，
我就能和大家
一起學習了！

設備比我
在現實世界的
學校更充足。

教育機會均等

際操作危險設備或藥品的情況下進行實驗。知名的VR教育平台「Labster」，就是一個成功的案例。在全球各地的大學與高中，總計共有三百萬人使用Labster。平台上提供了物理、化學、生物等各種領域的教材，學生可在VR空間裡透過互動式教材學習，還能操作科學實驗和栽種植物。由於內容都是虛擬，所以即使在操作過程中出錯，重置過後就能無限次重來。有了Labster之後，不論學生身在地球上的哪一個角落，只要是可上網的環境，都能用同一套教材學習，因此各界也很期盼能運用它來消除教育落差。在活用虛擬優勢所編製的教材當中，還有放大到掌心大小的分子模型等。這些突破現實框架的驚奇體驗，有助於提升學習效果，並提供**更豐富的學習內容**。

＊編注：
指日本舊石器時代末期至新石器時代，這一時期以繩紋陶器的逐步使用為主要特徵。

16 在現實世界不可能辦到的大規模「虛擬市集」

「虛擬市集」兼具了虛擬的自由與實體的偶然，
是充滿相識機緣的園地。

在虛擬實境中展售虛擬品項的「**虛擬市集**」（Virtual Market）活動，號稱一次可動員百萬人參與，規模相當可觀。與會者除了可以一般顧客身分，進入會場購物之外，還可成為賣家，上架原創的**3D資料**。儘管銷售的商品是3D資料，與會者則是透過虛擬替身，到虛擬實境裡的會場來共襄盛舉，但除此之外，其實就和一般的跳蚤市場沒什麼兩樣。它跳脫了物理上的種種限制，故可

匯集許多虛擬品項的市集

上架品項、擺攤
業者五花八門。

曾創下單次來場人數
突破百萬人的紀錄，
是一場大型活動。

虛擬市集
會場內展示了許多虛擬品項，
是虛擬實境當中最具規模的市
集。到場的顧客可自由參觀、
選購所有上架的品項。

不必在意人數限制和到場的交通成本。在市集裡，顧客可直接看到一些3D資料，包括供虛擬替身穿著的**服裝造型**，以及可當作虛擬替身使用的角色人物等，還可在選購、試穿過程中與創作者交換意見，喜歡的話就買下來——這一連串的購物流程，和實體的購物行為一樣。最初舉辦虛擬市集活動的目的，其實是想成為一個讓創作者和使用者相識、結緣的園地。結果辦了幾場下來，規模越來越可觀，更拉大了和現實世界之間的差距。況且虛擬市集是在線上空間舉辦，從全世界任何一個角落都能登入。這場原本以日文為主要語言的活動，為因應外國參與者增加，還將活動改以英文進行。不少企業認為，敏銳掌握這種新穎創舉的態度，能當作自家的宣傳亮點，因此報名參與活動的企業，數量也一路攀升。

市場無限寬廣

讓視訊會議望塵莫及的元宇宙會議

共享同在「會議室」這個「場域」裡的感覺，
以消除視訊會議無法填補的那些鴻溝。

　　過去，開會討論的常態向來都是面對面；如今，Zoom等視訊會議系統也成了一個選項。不過，即使是在視訊會議使用方便的環境下，把整個辦公室或會議室搬到虛擬世界裡，效果會更好——因為在**虛擬會議室**裡，溝通可以進行得比視訊會議更自然。比方說，只要在「VRChat」上開個會議室來使用，

掃除視訊會議時的異樣感

視訊會議已成常態，
但還是有不少人覺得
不如實體會議流暢。

總覺得這樣
很難講話呀！

要是大家沒反應，
那可就傷腦筋了。

視訊會議的缺點

與會者就能掌握彼此在VR空間上的位置，甚至是連抬頭、點頭、歪頭等小動作，都能與周圍的人接收到相同資訊。因為在虛擬實境中開會，能促使人們透過說話方式、眼神等非語言來進行自然的溝通，更能輕鬆傳達開會目的。甚至還有調查結果顯示，就會議本身而言，這種方式的品質，比視訊會議更好。在視訊會議當中，與會者必須長時間處於「面對鏡頭，緊盯彼此」的不自然狀態。未來元宇宙在商業上的運用更普及之後，線上開會就能變得更自然。

18 元宇宙上首屈一指的殺手級內容，就是「閒聊」

不論是不打電玩遊戲的人，或工作上用不到元宇宙的人，
大家都會喜歡的內容——那就是閒聊。

　　自網際網路剛剛興起的黎明期起，透過電子布告欄「閒聊」，一直是受到廣大使用者歡迎的內容。不待元宇宙世界發展完備，網路使用者聚集在大型多人線上角色扮演遊戲（MMORPG）裡的遊戲空間閒話家常，已成為常態。不論是打怪，或是打造精美庭院的遊戲，使用者早就聚集在這些遊戲裡，開心的

也有以「對話」為主要目的的使用者

我要一鼓作氣
進攻了喔！

我可是
不會輸的喔！

你不玩
大逃殺喔？

我們比較適合
在這裡悠哉。

今天一定要
贏過你！

對戰
《要塞英雄》

閒聊。儘管引人入勝的遊戲、服務就擺在眼前，但人聚在一起還是會選擇聊天的話，那麼或許「閒聊」在元宇宙上也會成為一個強大的殺手級內容。元宇宙上可使用虛擬替身，又可透過動作、眼神來交流情緒感受，很有潛力發展出比網路服務時代更容易閒聊的環境。實際上，在《要塞英雄》這一款起初以戰鬥為主體的遊戲當中，也有很多**把對話當作主要目的**的使用者。未來，隨著元宇宙的沉浸感不斷進化，這裡的閒聊，會變得比只用文字的互動，或是只能排列出使用者頭像的視訊會議系統更順暢自在。屆時，將有更多使用者會為了閒聊而來到元宇宙。

19

元宇宙是處理疫情和環保問題的救世主？

元宇宙還暗藏著解決社會問題的潛力。

　　新冠肺炎疫情爆發後，「不與他人接觸」的需求激增，因此元宇宙的普及，可說是有助於**防疫措施**的推動。儘管目前疫情已漸趨緩，但元宇宙的普及與建置，仍是抵禦下一次傳染病疫情爆發的有效方案。再者，元宇宙能幫助你我從遼闊的世界當中，找到適合自己的社群，因此也能有效**預防孤立**。若能讓那些苦於無法在現實世界裡找到「歸屬」的人，在元宇宙裡找到理想的社群，

元宇宙是社會問題的解決方案？

現在開始進行簡報！

會打造出這樣的社區。

請多多指教。

元宇宙正好符合社會對於「防疫措施」的期待。

防疫措施

並且讓自己絕大部分的生活都在這個園地度過，那麼因為無法融入現實世界而備感孤獨的人，數量應該就會減少。還有，有人認為元宇宙旅遊可減少移動交通所排放的廢氣，消費活動轉為購買虛擬品項後，則可減少資源耗損等，可望**防止環境破壞**。綜合上面所述，元宇宙的普及，其實也能達到回應社會期待的效果。

這裡就是我的歸屬！

原本因為無法融入有限的、狹隘的社群當中，而感到孤立的人，

也有機會在元宇宙裡找到歸屬。

預防孤立

今天買了好多衣服喔！

元宇宙旅遊和虛擬品項的消費活動，有助於減少廢氣排放，避免過度使用資源。

防止環境破壞

新時代的億萬富翁？
「元宇宙投資大師」

別人沒有的稀缺物品，不論是虛擬或實體，
只要有人想要，價格就有可能上漲。

　　以往在《第二人生》當中，我們也曾看到「虛擬實境裡的經濟活動」發展得有聲有色。其中又以NFT亂象造成元宇宙裡設置的物件飆出天價，還有數位畫作等藝術品被轉手高價賣出等消息，特別吸引各界關注。而在電玩遊戲的世界裡，也有人出租實力堅強的角色，從中賺取手續費牟利；在虛擬實境裡買

一般認為NFT會帶動這樣的市場發展

賣「虛擬土地」的交易，現在也很熱絡。遊戲角色的出租生意，顧客是那些想縮減時間上的初期投資，盡快在戰鬥中看到成果的人。至於在虛擬空間的土地方面，來自美國的NFT遊戲《**沙盒**》（The Sandbox），只要一有「土地」（Land）出售，幾秒內就會銷售一空，受歡迎的程度可見一斑。據說目前多數使用者是有土地就買，等待漲價增值的「投機」型買賣。其實在現實世界也好，虛擬世界也罷，都可能因為有人率先相中某項未來或許人人搶購的商品，並取得它的相關權利，進而催生出億萬富翁。

「房地產投資」因元宇宙而升溫

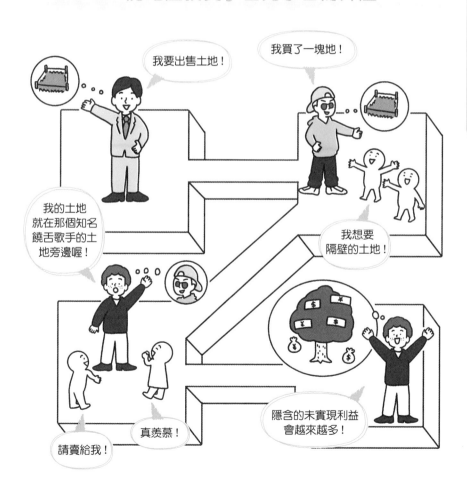

21 「內容創作者」的遍地商機

儘管「平台營運商」是個很難達成的目標，
但人人都有機會成為內容提供者。

　　對一般使用者而言，「成為元宇宙服務的提供者」這個事業，不是我們可以出得了手的規模。它需要投入龐大的資源來建構世界觀，追求逼真與可及性，更是負擔相當沉重的大工程。要建構這樣的**平台**，GAFAM（編注：即美國五家超大型資訊業的谷歌、蘋果、臉書、亞馬遜、微軟）等**科技巨擘**會比較占上風。不過，這並不代表其他業者或個人在元宇宙上已找不到其他商機。科技

有人潮聚集的地方就有商機

巨擘建構出平台之後，會吸引很多使用者聚集。業者如果把自己的角色，定位在「為這些使用者提供內容或服務」的話，其實人人都有機會搶攻元宇宙商機。如果要用一個現有的、已普及的服務來比擬的話，那麼元宇宙事業的發展結構，就像是眾多使用者和廣告主都聚集在影片分享平台Youtube，上傳影片者成功發展出一番事業一樣。在元宇宙時代下，若想開創出一番成功的事業，那麼想像自己在一個由大型平台營運商打造，還有眾多使用者齊聚的元宇宙世界裡，究竟能提供什麼樣的價值，將會是一大關鍵。

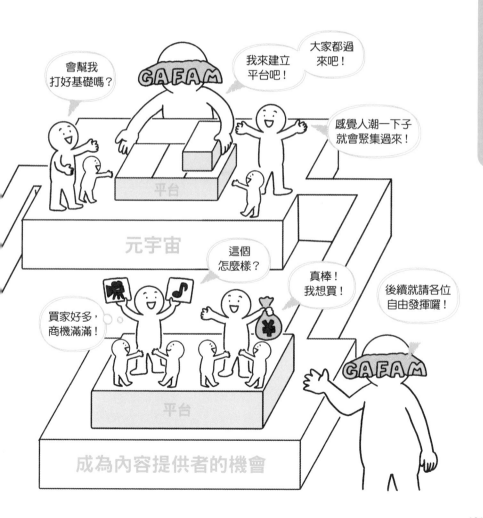

元宇宙的未來②
「創辦人回鍋，力圖 東山再起的第二人生」

　　在第二章當中，曾為各位介紹過一個「領先時代，走得太前面的服務」，那就是《第二人生》。它的營運商——林登實驗室在二〇二二年一月時宣布，創辦人菲利普・羅斯德爾（Philip Rosedale）將回鍋擔任策略顧問。

　　林登實驗室表示，在羅斯德爾回鍋後，將會朝「擴大《第二人生》事業」的目標邁進。由於科技的進步、社群網站的問世，以及新冠肺炎疫情等因素影響，當今社會對於元宇宙的接受度提升，《第二人生》能否東山再起，備受各界矚目。

　　此外，羅斯德爾認為，透過科技巨擘的廣告主導，所建立的元宇宙世界，不見得一定美好。他表示：「不應該把元宇宙變成一個反烏

可以說是時代終於追上了《第二人生》的世界觀。

說不定又會吸引很多使用者加入。

托邦」。《第二人生》當年搶先為世人呈現了元宇宙世界的樣貌，它對「數位烏托邦」的想像，究竟會是什麼樣的世界？

《第二人生》揭示了「另一個世界」的可能，吸引玩家趨之若鶩。即使在全盛時期過後，它仍逐步升級，例如二〇一四年時，就接軌現已改稱Meta（原名Facebook）公司旗下的「Oculus系列」頭戴式裝置等。近年來，《第二人生》的月活躍使用者呈現上升趨勢，人數直逼百萬大關。不論是知道它昔日曾引發轟動的族群，或是不知道這段歷史的人，都不能錯過《第二人生》後續的發展。

3

Chapter

METAVERSE

mirudake notes

活在虛擬實境中的未來

元宇宙和以往同類服務的不同之處，在於使用者
還可選擇「活」在元宇宙的世界裡。在虛擬實境裡，
使用者當然可以玩樂，也可以工作，甚至可以享
受戀愛的酸甜苦辣。接著，就讓我們一起來看看
活在虛擬實境中的未來吧！

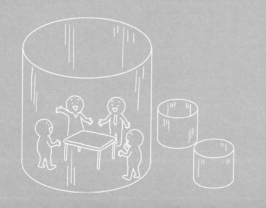

「回歸實體」的必要性逐漸降低

真的可以把絕大部分的生活都搬到元宇宙上嗎？

如果元宇宙繼續普及下去，我們可以預見什麼樣的未來呢？其實這件事和元宇宙本身的迷人之處息息相關。以往在談元宇宙時，常被提到的是「實體與虛擬的結合」、「『**住進虛擬世界**』成真的世界」等。例如學生在放學回家之際說的那句「等會見喔！」，一般我們會聯想到的，應該是在咖啡館、家庭餐廳等場所見面吧？而那些從很久以前就對數位工具知之甚詳的族群，絲

實體與虛擬實境之間的往返越來越少？

毫不覺得「在電子布告欄或線上遊戲裡見面」有何異樣之處。至於時下年輕的數位原生世代，恐怕還會運用社群網站、通訊軟體的視訊通話功能等工具「見面」。電子布告欄、社群網站和遊戲，都是一種虛擬世界，而元宇宙則可說是比它們密度更高、範圍更廣的版本。今後，「約好放學後在虛擬實境的世界裡見面」，說不定會成為一般人的常態。實體見面有各種侷限，例如生理上的極限、資金上的限制等；若是在虛擬世界，或許就能跳脫這些束縛，活出更愉快、充實的人生。目前你我都還有實體世界的生活，因此在元宇宙上度過的時間，還是有一定程度的上限。日後，當你我的工作、學業都轉移到元宇宙上時，說不定就能選擇除了吃飯、排泄的時間之外，都在元宇宙上生活。

02 可自由選擇待在 舒適的社群裡生活

可從元宇宙這個浩瀚的世界當中，
選一個最適合自己的社群。

在現代社會當中，臉書、推特等社群網站，是人與人連結的主軸。公開使用時，我們就能輕鬆獲得與不特定多數人接觸的機會，可比較輕易的建立、維持人際關係，進而迅速且無遠弗屆的傳播五花八門的資訊。不過，也因為是有不特定多數人參與的環境，所以一點雞毛蒜皮的小事就會吵得不可開交，甚至還可能暴露在人身攻擊的危險之下。而在現實世界中，能直接結識的人數就很有限了。儘管這樣釀成大範圍嚴重衝突的風險較低，但要找到志同道合、懷抱

更舒適的「元宇宙社群」

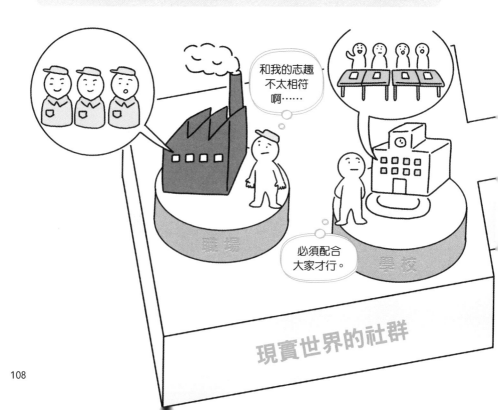

相同價值觀或興趣的人，機會較低，也要費心建立或維持關係。在以封閉型社群網站為基礎所發展出來的元宇宙當中，或許會帶給人一些有別於以往的連結。元宇宙在空間上有延展性，有機會以看得到的形式，設計出**封閉**的環境。因為在這個環境裡，有著讓使用者感到舒適的社群，當中聚集的，都是使用者自己覺得往來很自在的朋友，就像是社群網站上的**同溫層**一樣。使用者在感受到近乎現實世界的臨場感和存在感之餘，透過虛擬替身，還能獲得一定程度的距離感和心理安全感。既能與連結全世界，找到懷抱共同價值觀的友朋夥伴，同時又能審慎的排除不利的元素——使用者能在這樣的世界裡，度過舒適自在的時光。在元宇宙當中，或許你我就可以自由選擇諸如此類的社群，自在生活。

03 從工作到娛樂，都在元宇宙上完成

若元宇宙持續發展，所有行為都將轉入虛擬實境，
超乎你我想像的日常就會到來。

　　元宇宙這一套機制，能讓你我心目中「方便好用的世界」成真。儘管它與時下的社群網站確實有雷同之處，但目前社群網站還只是我們生活的一部分，大多數人在現實生活中還是有工作或學業要面對，必須回到實體世界。然而，如果今後元宇宙繼續發展，或許我們不只工作、學業，就連娛樂等所有生活面向都可**在虛擬實境上完成**。如此一來，日常一切都在虛擬實境上打點完成的使

元宇宙上做不到的事，反而比較少？

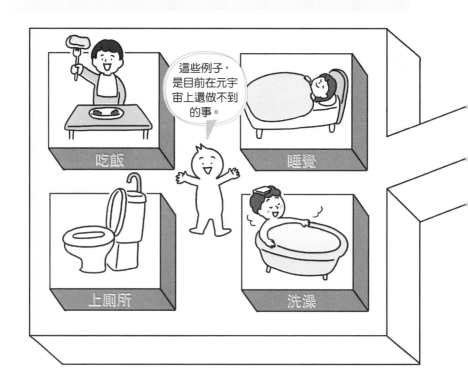

這些例子，是目前在元宇宙上還做不到的事。

吃飯

睡覺

上廁所

洗澡

用者也將大增。也就是說，儘管約在線上遊戲等場域「集合」，而不是在實體見面的情況已成常態，但情況還會再更普及。在初期階段，元宇宙應該會以溝通形式起步，例如遊戲和語音聊天等，而最終將以**涵蓋生活所有面向**為目標。「使用者願意隨時待在元宇宙」這件事，對提供元宇宙平台的企業來說，就等於是在擴大商機，也表示使用者能在經過優化的元宇宙世界裡，過得比現實世界更舒適自在。那些目前還只能在現實世界裡做的事，在元宇宙的使用者增加，研發更進步之後，將孕育出超乎想像的新技術、新服務。讓人隨時都能待在元宇宙裡的日子，說不定就會到來。

04 沒有任何目的，「只是待著」也無妨的元宇宙世界

元宇宙不僅可以有目的的投入，
還是一個可以「只是待著」的世界。

　　就某些層面而言，目前元宇宙仍可解釋、理解為「MMORPG」的延伸。所謂的「MMO」，即「Massively Multiplayer Online」＝「大型多人線上」，也就是許多玩家同時連上伺服器玩的角色扮演遊戲（RPG）。MMORPG和元宇宙有很多雷同之處，例如它們的玩家，都會用角色≒虛擬替身來當自己的分身等。其實不只RPG，許多可供多人同時連線的線上遊戲，都不只有「遊戲」的功能，還具有「使用者社群」的面向。例如不少使用者在連線之後，

「只是待著」的需求逐漸增溫

根本不玩遊戲，但每天花好幾個小時和其他使用者傳訊息聊天。我們也可以這樣想：添加更多遊戲目標之外的元素，到「只是漫無目的的待著也無妨」的MMORPG之後，就成了元宇宙。那麼，元宇宙裡又有什麼值得我們關注的新鮮之處呢？Meta公司執行長馬克・祖克柏（Mark Zuckerberg）用了「**體現化的網際網路**」（Embodied Internet）來描述這件事。比方說，元宇宙不是單一企業建構的服務，是讓各家企業的服務彼此串聯，而讓使用者可憑體感在這些服務之中自由來去的功能，便顯得格外重要。當這些環境、功能成真時，元宇宙就能跳脫傳統遊戲的框架，孕育出它特有的新世界。

「元宇宙」這個歸屬

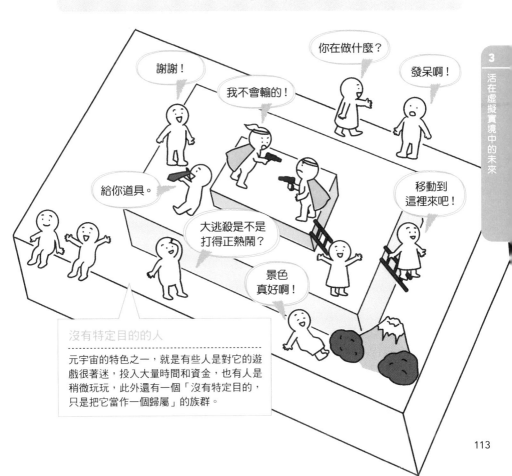

沒有特定目的的人

元宇宙的特色之一，就是有些人是對它的遊戲很著迷，投入大量時間和資金，也有人是稍微玩玩，此外還有一個「沒有特定目的，只是把它當作一個歸屬」的族群。

113

05 體驗住在遊戲世界裡的感覺 ——《動物森友會》

這個遊戲，
能讓我們領略「住進元宇宙」的想像。

　　任天堂Switch的遊戲軟體《集合啦！動物森友會》（簡稱《動森》），於二〇二〇年上市後，旋即轟動熱賣。截至二〇二一年三月底，就已創下日本國內熱銷一千萬套、全球直逼四千萬套的紀錄。《動森》的玩家會「移居」到無人島上，享受島上的生活。一般的遊戲作品，會在作品世界裡讓故事得以成立，並提供使用者一些目的，例如該破解的迷團，或該跨越的阻礙等。然而，在《動森》裡完全沒有這些設定。一如它的廣告詞「因為什麼都沒有，所以什麼都做得到」所言，遊戲並沒有賦予使用者任何目的，玩家可以盡情建築、造

《動森》熱潮引爆話題

我很想玩，
但買不到
遊戲機……

《集合啦！動物森友會》

任天堂在二〇二〇年推出的遊戲。這款作品正如它的廣告詞「因為什麼都沒有，所以什麼都做得到」所言，是讓玩家在無人島上從零開始建立生活的溝通型遊戲。

就算扣除新冠肺炎疫情
爆發後的「居家時間」
效應，它仍創下了驚人的
熱銷佳績。

景、縫紉、買賣商品，採集等，投入這個世界，就算只是望著自然的遞嬗變化也無妨。與其說它單純就是個遊戲，倒不如說它是為使用者實現理想生活的另一個世界，堪稱是一套**虛擬實境**色彩濃厚的內容。在《動森》裡的生活，絕不實際。比方說釣魚時，《動森》玩家不需經歷實體釣魚的千辛萬苦，是一個可只享受虛擬實境的世界。此外，在《動森》當中，每位玩家都有自己的一座島，也可拜訪其他玩家的島嶼。不過，遊戲在設計上，特別留意避免讓玩家在互訪過程中爆發爭端、衝突或騷擾等。它和社群網站的同溫層一樣，沒人會讓使用者煩惱傷神，是一個舒適自在的虛擬實境——這應該可以說是由《動森》所構成的元宇宙吧！

《動森》真的是遊戲嗎？

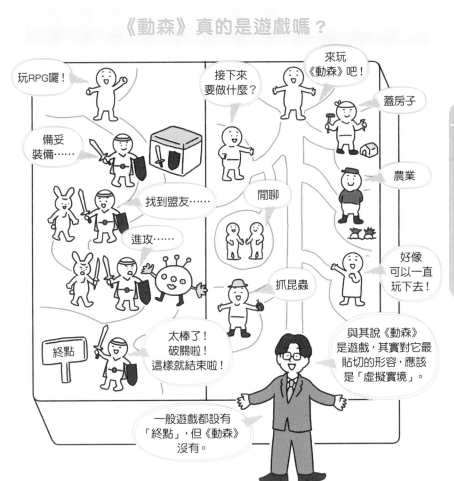

06

已成真的元宇宙裡，
有哪些工作？

雖說要在有人聚集的地方，才有商業活動，
但在元宇宙當中，已有新職業問世。

在前一個項目當中，我們提到《動森》算是一種元宇宙。其實它還有一項特色，就是當中已經出現了新的商業活動。其實在以往的MMORPG等遊戲當中，的確也有人從事「買賣商品，賺取遊戲貨幣」或「用現實世界的金錢，買賣遊戲貨幣」（即所謂的「實體貨幣交易」（Real Money Trade，簡稱「RMT」），在多數遊戲當中是違反遊戲條款的行為）之類的「工作」。然而，它們只不過是依附在遊戲交易機制下的行為罷了。英國家飾品牌

《動森》裡的住宅顧問

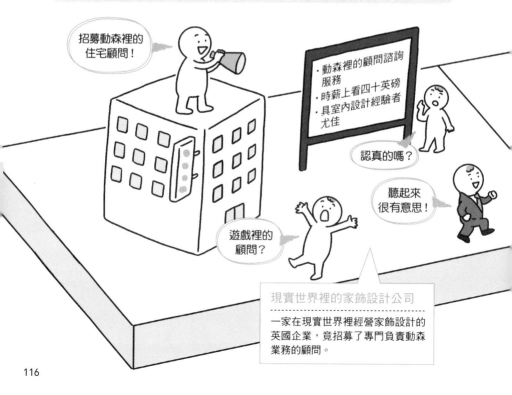

招募動森裡的
住宅顧問！

・動森裡的顧問諮詢
服務
・時薪上看四十英磅
・具室內設計經驗者
尤佳

認真的嗎？

聽起來
很有意思！

遊戲裡的
顧問？

現實世界裡的家飾設計公司

一家在現實世界裡經營家飾設計的英國企業，竟招募了專門負責動森業務的顧問。

「Olivia's」則發展出了一項服務，那就是為玩家在《動森》裡的住宅、家飾搭配，提供顧問諮詢。在《動森》當中，個人住所的外觀、裝潢可自由變換。將設計別出心裁的成品發布到社群網站等平台上，有時還會吸引許多關注。不過，想客製化打造出心目中的完美裝潢，不僅曠日廢時，還需要美感品味，甚至還有人根本不知道該如何營造體面的家飾擺設。這時，我們需要找人討論、商量，再請專家提出設計的建議方案，就和實體世界的住宅顧問一樣。這些商討都不是在現實世界辦理，而是在《動森》裡進行。其實不只是《動森》，各個元宇宙世界裡也都發展出了**全新的商業活動**或職業。或許再過不久，我們就會看到有人是靠著**元宇宙裡的收入**過活。

「VR 睡眠」
直到睡著前都是虛擬實境

「VR睡眠」能讓你我感受到實體世界絕對無法實現的
入眠體驗。

在元宇宙的世界裡，現在還興起了一種「VR睡眠」的文化。它並不是指玩家在遊戲過程中不小心打盹的「睡著」，而是置身在虛擬實境中，直接戴著VR眼鏡睡著。這種直到睡著前都能置身同好社群，和同伴共度的體驗，很受好評，讓人直呼「簡直就像**校外教學的晚上**一樣」，引人入勝。還有，在現實世界裡，我們會和別人同床共枕；而在元宇宙裡還有更不一樣的體驗，就是可以在VR才能去得了的地方，例如南極的冰上、崖邊、太空、動物的背上等，

簡直就像校外教學的晚上？

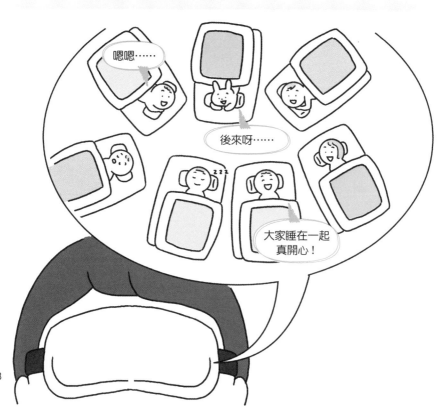

一直待到睡著為止。這正是「方便好用」的虛擬實境才做得到的獨門絕活。今後，為了讓這些體驗更普及，VR眼鏡等裝置可望朝更輕巧、更安靜的方向進化。另外，「VR睡眠直播」活動也蔚為話題。據了解，這個活動是由當紅的虛擬替身，在虛擬實境上直播睡眠時的模樣。它的目的，是為了向那些對VR還不太熟悉的使用者，介紹VR睡眠的概念。這場長達八小時以上的直播，共有逾百位使用者一路守著直播到天亮，收視總人數更達三千人之多。

在現實世界絕不可能實現的入眠體驗

還能穿越時空？「元宇宙旅行」

只要進入元宇宙，人在家中不僅能突破空間限制，
還能跨越時間，享受五花八門的旅行樂趣。

　　在元宇宙當中，我們還可以自由的前往各地旅行。和好朋友到景色優美的地方旅行，聊天、拍照分享──「和朋友去旅行」這種在現實世界裡稀鬆平常的體驗，在元宇宙上連房門都不必出，就能實現。把自己拍的照片分享給同行朋友，或轉傳給沒參加這趟旅程的人……這些體驗幾乎都和實體一模一樣。甚至還有業者推出重現優美風光、知名史蹟等各式觀光名勝的元宇宙服務。它和單純欣賞美景照片、影片的體驗，有一個很大的差異，那就是我們自己（的替身）也置身其中。我們會在建築物前，或以瞭望台等風光明媚的景色為背景，

不只跨越距離，更穿越時代的阻隔

今天要到哪個時代的哪個地方去？

元宇宙旅行

拍照留念——虛擬實境裡呈現的，正是這種和實體如出一轍的的景象。實體沒有，VR才行的獨家強項，就是它能讓我們欣賞到目前在現實世界裡已經看不到的景物。例如二〇一九年燒毀的聖母院（Notre-Dame Cathedral），已於巴黎市政府認證的《VRChat》世界裡重現；其他還有以限期展出的方式，重現安土城*的世界。換言之，只要在《VRchat》打造需要的世界，就能在「大正時代的東京」、「兩千年前的關東平原」等場景中，體驗宛如**時間旅行**的樂趣。我們可以和置身同一個空間裡的好朋友們，盡情暢遊一個又一個在現實世界裡不可能重返的時代、地點——因為有了元宇宙，才把這種不可能的體驗化為可能。

一轉眼就來到義大利了！

是比薩斜塔！

好了，下一個要去的是埃及！

跨越距離的旅行

江戶時代的晚上，路邊攤賣的蕎麥麵真好吃！

歡迎光臨！

敢問你是從哪兒來的呀？

穿越時間的旅行

*編注：由織田信長於一五七六年興建，地下一層、地上六層，當時是一座相當華麗宏偉的建築，於一五八二年遭到焚毀。

實體世界與元宇宙裡的落差

在元宇宙這個「方便好用的世界」裡，
有時也會和現實世界一樣，出現各種落差。

　　現實世界裡的「落差」，如今已是全球各國都意識到的問題之一。舉例來說，在真實世界裡，賽車是富豪會從事的體育活動當中，最具代表性的一個項目。目前活躍於頂尖級別的賽車選手，都是小時候就從參加卡丁車比賽開始起步。唯有負擔得起昂貴車輛，又能買齊各式裝備，還有能力支付運送、保管等相關費用的家庭，孩子才能順利累積賽車選手的資歷。不過，最近賽車界出現一個案例，是在**電子競技**（e-Sports，簡稱「電競」）賽車取得出色成績的選手轉入實體，報名真正開車競速的賽事。如此一來，即使是清寒家庭的孩子，

元宇宙真的是個沒有落差的世界嗎？

或是住處附近沒有賽道的人，都有機會成為賽車選手——這就是**實體世界裡的落差**，在虛擬世界裡被弭平的一個例子。此外，像是容貌等外在條件，也是出生之後就很難更換，且會在人與人之間形成落差的因素。而在元宇宙上，每個人都能得到理想的容貌，所以，原本在實體世界讓人得不到回報，或任憑怎麼努力都得不到合理利益的因素，說不定就可以歸零重來。不過，最重要的是：「即使是在元宇宙裡，還是很難避免落差的存在」。縱然是在元宇宙，能力符合這個世界需求的人，當然會比較吃香。再者，目前在元宇宙上銷售的虛擬替身，價格的確會因為膚色或性別等條件而有所不同，這也是不爭的事實。如何看待元宇宙上出現的這些落差，堪稱是未來的一項課題。

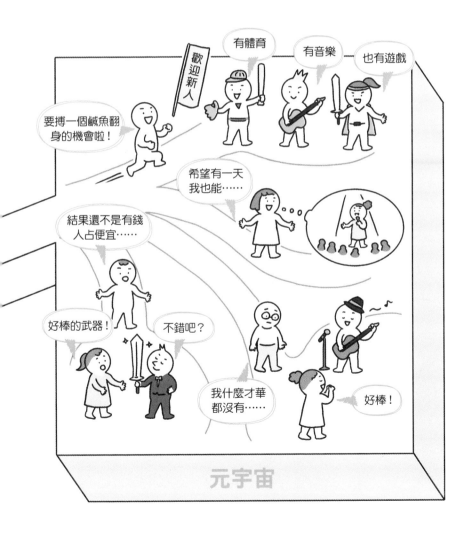

10

虛擬實境裡排斥的「忠實重現實體世界」

還有因為過度追求逼真，
而讓使用者敬而遠之的案例。

　　儘管元宇宙是所謂的虛擬實境，但使用者在這裡尋求的，真的是有別於現實的「另一個現實」嗎？《最終幻想》（Final Fantasy）系列的遊戲作品，就是使用者不要求逼真的案例。二〇一六年上市的《**最終幻想XV**》（FINAL FANTASY XV，簡稱FF15，台灣也稱為《太空戰士15》），是整個系列當中最受玩家大力批評的作品。而其中的原因之一，就是因為FF15「太向實體靠攏」。這一款作品就是所謂的「**開放世界**」型遊戲，玩家可在遊戲世界裡自由

《最終幻想XV》對逼真的講究特別鮮明

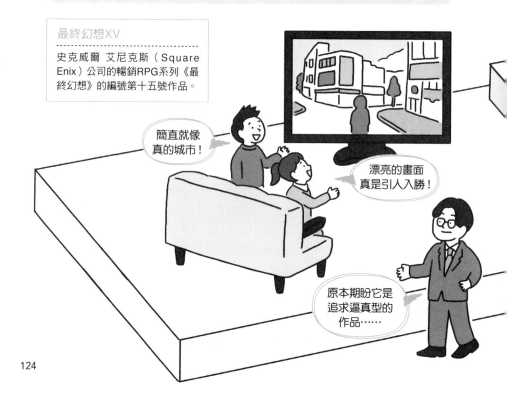

最終幻想XV

史克威爾 艾尼克斯（Square Enix）公司的暢銷RPG系列《最終幻想》的編號第十五號作品。

簡直就像真的城市！

漂亮的畫面真是引人入勝！

原本期盼它是追求逼真型的作品……

漫步，但相對的，從這個城鎮移動到另一個城鎮很花時間，過程中也不會發生什麼特別的事件。就算想趕路，晚上也必須休息，夜間移動還會有一定的風險——這些限制或難處，是我們在現實世界旅遊時的樂趣，但玩家並不希望遊戲也比照現實辦理。而在二〇二〇年上市的《最終幻想VII重製版》（FINAL FANTASY VII REMAKE）當中，廠商運用AI精心打造，讓角色人物的動作、反應更有真實感；至於城鎮間移動的部分，在第一部推出時，製作團隊投入了相當程度的功夫和時間，到了第二部之後，就學會適度去無存菁，為需要追求逼真的部分，和需要以方便、舒適為優先的部分，巧妙的取得了平衡。使用者希望元宇宙做到的「另一個世界」，不是原汁原味的重現實體世界的樣貌，而是要成為每位玩家心目中那片「**舒適的實境**」。

虛擬實境裡不需要實體世界的不方便？

11

「虛擬實境裡的伴侶」
——可建立舒服的戀愛關係

在元宇宙的世界裡，比較容易和價值觀相近的對象，
談一場少摩擦的戀愛。

　　所謂的「談戀愛」，其實就是彼此價值觀的碰撞。在**價值觀日趨多元**、細分的現代社會，實體世界裡的戀愛，情侶之間免不了會發生一些摩擦。越來越多人在實體社會的戀愛關係中感受不到舒適，大眾認為「談戀愛風險很高」的傾向，更是一年比一年更鮮明。可見「談戀愛」的魅力，正逐步下降。不論是在元宇宙內或外，都有一套很現代的方法可以解決這個問題，那就是配對服務。當我們對戀愛的價值觀細分化之後，在生活周遭便很難找到滿足條件的人選；但只要像在社群網站上找興趣相近的同好那樣，從一個規模龐大的母群體

迴避戀愛和元宇宙

當中找出伴侶的話，發生摩擦的狀況，會比不假思索就交往的對象減少許多。若想找更根本的解決之道，那麼元宇宙上還有一個獨門絕招，就是乾脆把伴侶化為虛擬實境的一部分——因為情侶在元宇宙上會隔著虛擬替身，建立起隔一道防火牆的溝通方式。有些人會覺得「虛擬替身碰不到、摸不著」，不過，時下認為談戀愛不見得一定要有實體互動或性接觸的人已越來越多，或有些原本潛伏噤聲的族群浮上檯面。要是這些虛擬替身由AI操控的話，還能與另一半建立更舒適的戀愛關係——如果對象是AI，不論是再怎麼極端的戀愛觀，或是任何性傾向，它應該都會接受吧！想必今後會有越來越多人願意相信這不是逃避實體戀愛，而是**元宇宙上的愛情**，比實體更美好。

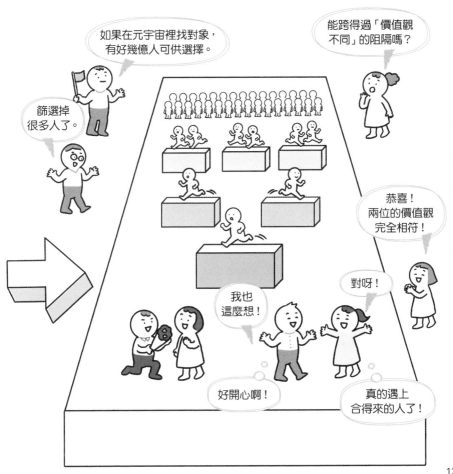

12

可只享受婚姻撫慰的「元宇宙結婚」

把結婚對象化為虛擬實境的一部分，
就可以只體驗婚姻生活美好的部分。

　　實體世界裡的婚姻，會遭遇到的困難遠比戀愛多出許多，絕不是只有舒適自在而已。另一方面，首批產品在二〇一六年上市的「Gatebox」，則是為了讓人和虛擬的另一半共同生活，以便從中獲得「配偶撫慰」的產品。這一款高約五十公分的箱型裝置，透過**背投影**（Rear Projection）技術將角色人物投影在空間裡之後，我們就可以和這個投影出來的角色傳訊息、聊天等，享受溝通樂趣。它會利用對話型AI與人自然的對話，並透過網路控制各種家電，也就

和虛擬角色人物一起生活

你今天一整天辛苦了！

我回來了！

今天就喝這一瓶紅酒吧！

我也想喝！

Gatebox

一款由Gatebox公司研發、銷售的「角色人物召喚裝置」。使用者可透過文字訊息、聊天等方式與這些角色溝通，體驗「一起生活」的感覺。

這項服務，可說是只截取了婚姻生活所帶來的撫慰。

是所謂的「**虛擬伴侶**」。「虛擬伴侶」堪稱是一項只取實體伴侶優點的服務，因為它可以讓使用者免除有實體伴侶時需負起的責任與成本，只享受婚姻帶來的撫慰。或許有人會認為「婚姻可不是那麼方便好用的東西」，所以這項服務，是在提供方和接受方都理解狀況的前提下，讓缺乏找伴機會、資質或資金的人，或是不願將資源投注在另一半身上的人使用，當然也有些人是因為對虛擬異性的喜愛更勝實體。諸如此類的交往方式得以成立，都是拜元宇宙之賜。

13 元宇宙生活是「第二人生」

也有使用者運用元宇宙來體驗另一個人生。

　　把現實世界裡的工作、娛樂和交友關係等活動，都轉移到元宇宙上，固然是一種想法，但其實元宇宙還有另一種運用方式，就是「透過元宇宙來享受**另一個人生**」。比方說一位活躍於現實世界職棒圈的選手，在元宇宙裡是足球的頂尖好手；平常是在辦公室裡對著電腦工作的上班族，在元宇宙裡則投身於豐富的大自然環境中，致力耕耘農業等。他們使用元宇宙的動機，並不是來自於對現實世界的負面情緒，而是想尋求和現實人生**不同的生存之道**。有人只要活

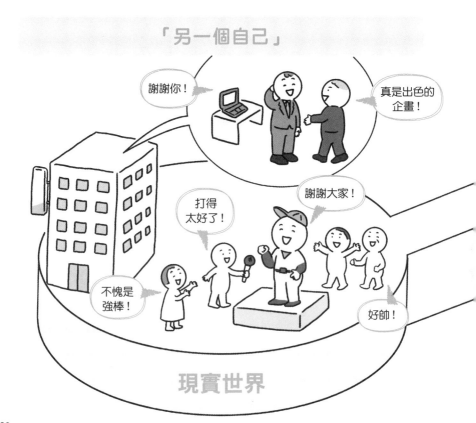

在現實世界裡就心滿意足，但體驗元宇宙能發現自己的新能力，或是因為在現實世界的特質與元宇宙上大相逕庭，而出乎預料的大受歡迎。隨著裝置的進步、服務的充實等，讓元宇宙上的體驗品質變得更好之後，預期將會有越來越多使用者，同時走在好幾段不同的人生路上。

14

已不需要現實世界？
「只要有元宇宙就夠」的原因

當元宇宙裡的另一個生活、另一個人生越來越充實之後，
或許現實世界的意義就會越來越淡薄。

當我們一天中的大部分時間都在元宇宙度過時，現實世界就會變成一個「維持生命所需的空間」，在這裡只要做到維持身體正常運作的活動，包括吃飯、排泄、洗澡、看醫生等，其他社會生活全都在元宇宙上進行。目前其實已經有一個就讀網路高中的案例，每天在元宇宙上停留超過十小時，幾乎是寸步

現實世界是維持生命所需的空間

不離自己的房間，也就是一般被歸類為「繭居族」的高中生，自己製作、銷售**數位服裝**，收入竟已可與二十多歲上班族的月薪匹敵。他的學歷，恐怕連四則運算都有問題，如今卻已能逐漸仰賴元宇宙裡的收入過活。若他在這樣的基礎上，還覺得自己不需購買實體的物品，也不要談戀愛、結婚，更不覺得買衣服、吃大餐有何迷人之處的話，那麼這個人的生活，就可以全都在元宇宙上完成。以往，我們會認為學業、工作才是生活的重心，電玩遊戲或數位空間是干擾，充其量也只不過是一種遊戲、娛樂罷了。對於那些能在元宇宙上辦妥生活大小事的人來說，現實世界是維持生命所需的空間，元宇宙則是滿足自己各式需求的空間，這兩個世界，簡直可說是**平行世界**般的存在。

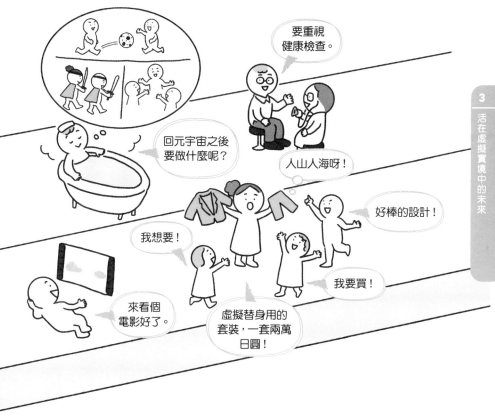

15 年長者更需要元宇宙的時代來臨

從改變「年長者不懂科技」這個前提開始做起。

想必一定會有人質疑：「不懂科技的年長者，也能適應元宇宙嗎？」在政策會議等場合，也有不少是以「年長者對資訊科技很陌生」為前提的討論。然而，在這個社會上，有人年近九十，連聽力都變差了，仍能靈活運用「物件導向程式語言」（Object-Oriented Program Language），自在的撰寫程式；還有人五十八歲才接觸電腦，過了八十歲才學寫程式，現在已經是享譽全球的應用程式開發者。反觀那些有**數位原生世代**之稱的年輕族群，從小身邊就不乏智慧型手機和平板等裝置，卻有不少人對個人電腦、鍵盤很陌生。對某項科技運用

年長者才明白元宇宙真正的價值

機器的東西我不懂。

我八十一歲才開始寫程式！

新的應用程式好方便啊！

真難操作……我對這些新事物很陌生……

加油！

我可是把社群網站用得嚇嚇叫喔！

小學生研發應用程式。

電腦的操作還真是困難……

對資訊科技嫻熟與否，和世代無關

得心應手的人數多寡，的確會因為這些人所處的環境而有差異，但光用年齡來劃分，恐怕就太妄下定論了。其實說穿了，有些人認為在「方便好用」的元宇宙世界裡，對年長者才更是好處多多。例如在元宇宙裡的文字、圖片會放大、彈出，讓以往覺得字太小看不清楚的人，能享受舒適的閱讀樂趣；腰力不夠、腿力不好，無法自由的到處去的人，則可透過元宇宙旅行自在漫遊等，所以元宇宙其實是最適合用來輔助年長者的工具。綜上所述，自覺行動有些不方便的人，因科技而獲得的**舒適度提升**幅度，會比那些身強體健、生龍活虎的族群來得更大。

16 人人都能當超人的元宇宙世界

在元宇宙的世界裡，人人都能不管自己在現實世界的體能如何，發揮如超人般的能力。

　　很多技術基本上都是用來擴增人類能力的機器，也就是所謂的「**擴增裝置**」（Augmented Device）。這些機器可用來輔助處理人類做不到的事，或做起來很辛苦的事。讓身障人士或年長者來使用它們，所感受到的好處，會比身強體健的年輕人更多。況且照顧身障者或年長者的機器人也已相當普及，因為「年紀大」、「對科技很陌生」等理由，而拒絕不使用的情況正逐漸減少。不過，機器人等技術在現實世界裡還是受到一些限制；只要進入虛擬實境，想必能做的事會變得更多。倘若長輩真的因為年紀大而對學習新技術卻步，或沒有足夠能力運用自如，其實這件事本身就可以透過資訊科技和AI來輔助。他們

用元宇宙突破能力的極限

好想投出一六〇公里的球喔！

拚命跑步。

果然還是投不出一六〇公里啊……

拚命練投。

現實世界

需要的，並不是學習新科技的能力，而是在習得新科技所需要的能力方面提供協助、擴增——這才是**技術存在的意義**。此外，在遊戲的世界裡，也有一些玩家是因為年紀大了才開始玩遊戲。有七十幾歲的玩家努力的適應行話滿天飛的社群遊戲，也有六十幾歲的玩家用Discord裡的語音聊天功能，加入第一人稱射擊遊戲（First Person Shooter，簡稱FPS）的戰局。上了年紀之後，要鞭策自己活動身體去玩生存遊戲，已經變得很不容易，但如果是FPS的話，就沒有這些問題了。不論幾歲，玩家都能用另一個角色加入遊戲，並且如超人般大顯身手。像這樣填補人與人之間在運動能力上的落差，應該也算是元宇宙的一項優點吧！

17

用虛擬實境輔助復健中的病人，以便在現實世界早日康復

還可運用虛擬實境，
改善我們在現實世界裡的病痛不適。

　　人要透過復健，才能找回在意外事故、疾病或年齡增長等因素下所失去的身體機能——這堪稱是一種「殘酷的現實」，因為病人腳踏實地、一天又一天的努力，只是為了一點一滴找回昔日曾經做得到的事，絕不會從中學到新事物。讓這些**復健中的病人**運用虛擬實境做復健，想像自己完全康復的狀態，可望能減輕病人在復健過程中所受的煎熬——這可說是**虛擬實境的運用**，對現實世界帶來正向影響的絕佳案例。在復健過程中運用虛擬實境，可為病人做好在

能對現實帶來正向影響的虛擬實境運用

復健還真是煎熬啊……

各位！
讓我們運用虛擬實境，
來治療身體的病痛吧！

我太太因為心理不適，
目前工作暫時請假。

這樣啊！

現實世界的病痛不適

實體世界回歸的準備。就算復健成效不如預期，病人從此長期臥床，或難以活動時，還是能透過虛擬實境，讓病人到大自然裡走走，或與他人交流，打造活下去的希望。再者，將虛擬實境運用在心理不適患者身上的治療方法，已有部分實際導入醫療現場。我們固然可以把現實世界和元宇宙當作「不同世界」，劃分得一清二楚，但如果能像這樣為現實世界直接帶來正向影響的話，那麼將「方便好用」的元宇宙，截取一部分融入現實世界來運用，也會是個有效的方法。

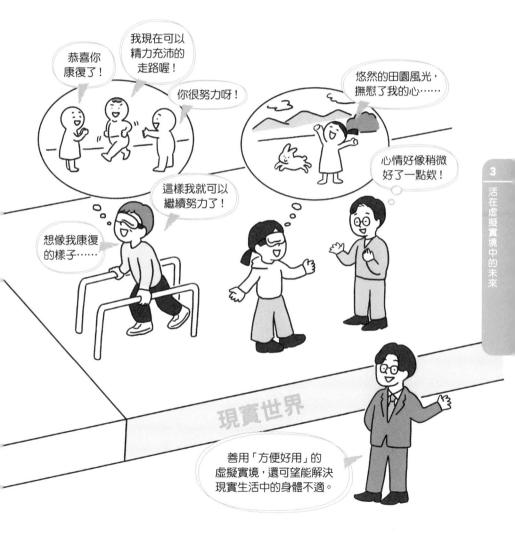

18 人人都能公平享受運動樂趣的元宇宙世界

虛擬實境上的運動體驗越來越逼真，
未來每個人都能在元宇宙上享受運動樂趣。

「**電競**」是透過電腦遊戲來進行比賽的體育項目，目前頗有全球普及的趨勢。尤其是自從國際奧會（IOC）開始積極評估是否將電競納入比賽項目，做出「電競是模仿傳統運動競技的產物」這個注解，以及二〇二二年九月在中國杭州所舉辦的亞運，決定將電競納入正式比賽獎牌項目等，都堪稱是重大的轉捩點。此外，受到新冠肺炎的疫情影響，賽車運動、馬拉松和自行車公路賽

打破運動的高門檻

我也想當賽車選手！

可供練習的場地實在太少了⋯⋯

我很想讓你走這條路，但我實在是沒那麼有錢⋯⋯

有時會因為資金、環境不夠充足，而使得民眾投入體育活動時，必須面對很高的門檻。

現實世界的運動

（Road Race）紛紛使用**模擬器**舉辦線上大賽，應該也帶來了不小的影響。當中甚至還有活躍於電競賽車界的玩家，在正宗的方程式賽車賽季出賽等案例。這表示在電競賽車累積一定成績的玩家，可以和那些開實體賽車累積出賽經驗的賽車手，放在同一個賽道上對決。要享受運動樂趣，或是要追求進步，總會面臨資金是否充裕、有無練習環境等**貧富或城鄉差距**。然而，在電競體驗的水準不斷提升之後，任何人都能透過元宇宙，接觸到各式正統的運動項目。

運用虛擬實境的
運動體驗

19 在元宇宙上發生「虛擬犯罪」的風險

各界憂心，在現實世界視為犯罪的行為或糾紛，
也會在眾人聚集的元宇宙上發生。

　　當社會上有更多人投入VR世界，並逐步朝元宇宙進化的過程中，法律問題就會是一個無從迴避的課題。目前在VRChat等平台上，是仰賴君子協定或禮貌來維持交流空間的舒適，當懷抱不同價值觀的人越來越多時，使用者之間難免會出現摩擦——主要是**著作權**上的問題、對**人格權**的侵害，以及一些VR世界既有的問題。在著作權問題方面，比方說像是擅自使用現有角色人物來當作虛擬替身，或是將著作權仍存續的建築、作品的世界觀，擅自反映到虛擬世

元宇宙上可能發生的糾紛

界等案例。至於在容易被忽略的案例方面，像白天的艾菲爾鐵塔是公共財，但夜間點燈是一九八五年才開始實施，就是法國著作權法保護的範疇。在人格權的侵害方面，除了目前在社群網站上也時有所聞的公然侮辱、妨礙名譽等問題之外，還有對虛擬替身施暴或性騷擾等找麻煩的舉動。儘管**對虛擬替身的暴力**並不會造成任何人受傷，但不斷作勢傷人或持續糾纏等行為，恐怕就很難說是沒有問題了吧！此外還有一些VR世界特有的問題，例如用強光照射虛擬替身的視野範圍，或持續製造另人不悅的聲響等行為。還有當虛擬分身和實際使用者不同性別時，究竟什麼樣的行為才算是性騷擾，也是一個問題……元宇宙越是向現實社會靠攏，針對VR立法的必要性更是與日俱增。

20 在元宇宙上的犯罪，還不能在實體世界制裁

行政、司法等現實世界裡的機制，該如何套用到元宇宙上，堪稱是當前的緊要課題。

　　在現實世界裡，民主制度、以及何謂民主制度下的正義等社會共識，都是經過長時間蘊釀而成。然而，當人們的生活轉移重心到網路或元宇宙上之後，這些共識就會變得沒有什麼意義。法律和公部門迄今仍對資訊科技不甚了解，而在網路和元宇宙上，企業正在法律還沒追上的地方，建立起那個世界的機制、規則，讓新社會、**新正義**實際上路運轉。比方說，日本的總務省曾呼籲

立法還沒跟上

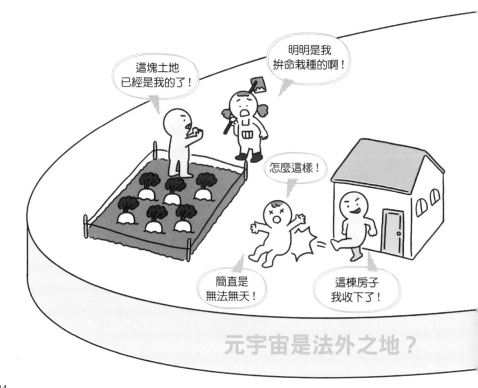

各界要將通訊加密，以加強資安，可惜成效不彰。而當谷歌（Google）開始在自家瀏覽器Chrome上，針對未使用加密通訊的網站標示警語後，採用加密通訊技術的網站竟瞬間爆增。再者，在**法律行動**方面的課題上，還有國境的問題——VR可通往世界各地，如果要為存在同一個元宇宙，但為不同國籍的當事人調解糾紛時，究竟適用哪一個國家的法律？要為元宇宙裡擬訂禮貌或應遵守的規定時，究竟該以哪個國家的法律或權利為準據？還有，將來要是在元宇宙上的虛擬貨幣、NFT交易等經濟活動發展得更蓬勃時，勢必就會需要金融活動、商業交易方面的合約規範。

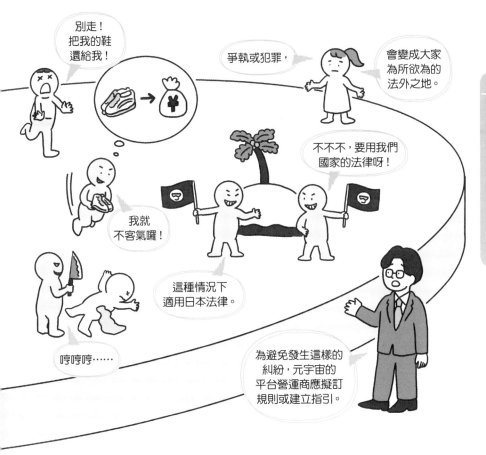

21

在元宇宙上
迎接死亡的日子到來？

未來，當我們把工作、興趣等所有生活面向都轉移到元宇宙時，說不定還會在元宇宙上迎接人生的終點。

在實體世界裡，人生只有一次。不過，只要走進虛擬實境裡，我們就連「自己的死」都可以體驗。北京最大的殯儀館——八寶山殯儀館的禮堂、火葬場參觀行程行之有年，近年來還推出了透過VR體驗「全套死亡流程」的行程。行程中的體驗分為兩種，一種是設定參加者在工作時突然倒下，經急救後仍無心跳。接下來參加者就進入「死後的世界」，將可體驗到與親朋好友道別

虛擬實境裡的終極需求

沒人送終。

在實體世界活得很孤獨，希望有虛擬實境的同伴為我送終。

嗚……

謝謝你長久以來的陪伴！

和你在一起很開心。

謝謝大家！

現實

元宇宙

臨終之地的需求

為止的全套喪葬流程；另一種體驗則是由參加者扮演大體，體驗從被送到殯儀館開始，到被安放在守靈室、舉行告別式、送往火葬場等流程。參加者可花五分鐘，體驗實際進行約需一小時的全套流程。殯儀館推出這項活動的目的，是希望民眾更了解喪葬事宜，以備不時之需。「喪禮＝**體驗死亡流程**」這件事，應該會是讓人思考生死的良機。把生活重心轉移到元宇宙上的人，想到臨終，或許會認為自己就是要生在元宇宙、死在元宇宙；只要有下葬、掃墓的機制，他們應該就會覺得最好能在元宇宙長眠，不需要實體的墳墓。即使不到這麼極端，隨著元宇宙的廣泛運用，想必會有越來越多人過著諸如此類的生活，或懷抱相似的觀念吧！

擬真體驗死亡的 VR 登場

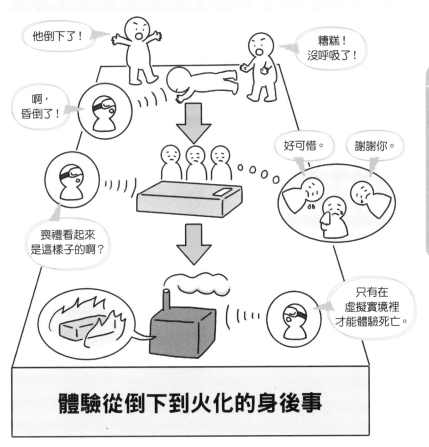

他倒下了！

糟糕！
沒呼吸了！

啊，
昏倒了！

好可惜。

謝謝你。

喪禮看起來
是這樣子的啊？

只有在
虛擬實境裡
才能體驗死亡。

體驗從倒下到火化的身後事

元宇宙的未來③
「隱形眼鏡式 VR 裝置」

　　不論是由Meta主導的「Oculus」系列，或是谷歌的「Google眼鏡」，這些VR／AR裝置的進化，其實也是元宇宙普及、發展的一大關鍵。只要VR／AR裝置的佩戴感變得更舒適，使用者在虛擬實境上的沉浸感就會更好。

　　在這樣的趨勢下，美國InWith公司宣布研發隱形眼鏡式的裝置。這款裝置是將電子電路整合到軟式隱形眼鏡的素材上，目前已取得專利。它除了可透過行動裝置調整視力等，具醫療器材的用途之外，還考慮到未來要運用在VR／AR方面。此外，這款裝置雖然內建電子回路，配戴感卻和一般軟式隱形眼鏡一樣，這一點也很令人訝異。

要是這個頭戴式
顯示器能更輕巧
一點就好了。

用來暢遊元宇宙的
這些裝置會如何進
化，也很值得關注。

　　InWith開發的這款產品，問世絕對指日可
待。據了解，該公司的目標，是要在二〇二二
年取得美國食品藥物管理局（FDA）認證，之
後隨即上市銷售。看來我們要從佩戴VR裝置
的麻煩中解脫，更舒適的暢遊元宇宙的美好未
來，已近在眼前。

4

Chapter

METAVERSE

mirudake notes

企業與政府
放眼元宇宙

包括科技巨擘在內的許多企業，都夢想著要在元宇宙這個新天地當中，創造出新的價值，並已著手行動。此外，政府機關也發揮巧思，想運用元宇宙打造出更豐饒的社會。接下來，我就要來介紹這些企業和政府機關在元宇宙方面所推動的措施，以及今後他們的發展動向。

01 科技大廠占盡優勢 ——元宇宙領域的現實

元宇宙受到眾多企業的關注，但能搶到有利位置的，還是那些現有的科技巨擘。

　　元宇宙會創造出許多與實體世界不同的新世界，受到許多企業的關注。這些企業當然會想盡早切入元宇宙，以便獲取龐大的先行者優勢。不過，一般預估，目前這些在網路上提供服務的企業，多數將在這場元宇宙的競爭之中，打一場辛苦的硬仗。現在，元宇宙領域尚未出現明確的勝利組。要在這場競爭中取勝，關鍵在於能否讓使用者感到舒適自在。為此，業者需要借重**資料科學**的協助，而**科技巨擘**在這方面可說是相當有利。若要蒐集大數據來分析，進而提

為什麼科技巨擘較占上風？

供使用者舒適自在的環境，那麼一家有**活躍使用者**（Active Users）一千人的遊戲公司，能蒐集到的資料，根本比不上一家擁有上億使用者的科技巨擘。使用者對於在元宇宙裡來去時所感受到的細微壓力、採取任何行動時的反應速度等，能有多少包容？到達何種水準時，業者應升級伺服器？這些事項的判斷，更是贏得廣大使用者支持的科技巨擘，最擅長的看家本領。根據眾多使用者的反應，所做的正確判斷，以及能透過一次又一次的鉅額投資，提升服務品質的充裕資金——看來在元宇宙時代裡，科技巨擘挾著這些優勢占居上風的競爭結構，仍會持續下去。

153

02 GAFAM 的元宇宙策略

有GAFAM之稱的幾家科技巨擘，在即將到來的元宇宙時代裡，會祭出什麼戰法？

　　誠如前面各章節所述，元宇宙未來將會在所有使用者的生活扎根，對資訊業界而言，是個「龐大的商機」。儘管元宇宙有時會被稱為「繼網際網路之後的下一個社會基礎建設」，不過正確來說，元宇宙也是網路上的服務，是繼一般網站、社群網站之後興起，甚至可說是取而代之的服務。目前在網路上的服務領域當中，有谷歌（Google）、蘋果（Apple）、臉書（Facebook）、亞馬遜（Amazon）、微軟（Microsoft）這五家地位傲視群倫的企業，合稱「GAFAM」。二〇〇〇年代時，網路上資訊流通的主角是一般網站，當時在

全球五大龍頭的盤算

ⓖ 谷歌

運用已在實體扎根的搜尋引擎、地圖、影片平台等服務，走鏡像世界的路線，會比較有利？

ⓐ 蘋果

一般預估，比起元宇宙，有出色硬體作為營收主軸的蘋果，會以發展鏡像世界為目標。

來調查一下這條河的歷史吧！

好有意思的影片啊！

設計也很講究欸！

智慧手錶好方便啊！

業界呼風喚雨的龍頭是谷歌；進入二〇一〇年代之後，資訊流通的主要戰場轉到了以臉書為首的社群網站上。至於在元宇宙這個新商機方面，包括成功為iPhone等資訊流通裝置樹立品牌的蘋果，以及在「實體商品」和「資訊」這兩方面都有基礎建設的亞馬遜，還有在作業系統、軟體領域獨占鰲頭，但以往在一般網站和社群網站領域無法爭取到一席之地的微軟，這幾家GAFAM要角都已擬訂了大型計畫。GAFAM都明白一旦啟動新服務，就是「不成功，便成仁」——因為他們早已放眼這個繼社群網站之後興起的元宇宙時代，並在重新確認**自家企業強項**的同時，布局競爭。

03 不惜更改公司名稱，認真程度可見一斑的「Meta」

腦書將公司名稱改為「Meta」，
背後究竟隱藏著什麼樣的用意？

開發出社群領域的核心平台腦書，又收購、經營instagram的腦書公司，在二〇二一年十月時，將公司名稱改為「Meta」，正式名稱為「Meta Platforms」，就連股票代號都改成Metaverse的簡稱「MVRS」，念茲在茲都是元宇宙的態度，昭然若揭。或許想改變腦書使用者高齡化、年輕族群紛紛求去的現況，也是它選擇更名的目的之一，不過更重要的，是要把它「想在元宇宙創造出的全新社會結構中成為先驅」的企圖，昭告全球。目前Meta已經營了「Horizon Workrooms」這個VR服務平台，但他們卻沒有因此而滿足，還規畫要掌握日後其他同業跨足原宇宙時的基幹部分（＝平台）。Meta堪稱是目

前在GAFAM之中，對元宇宙著墨最深的企業。不過，這想必是因為他們現有的各項服務，很仰賴其他企業服務的緣故。除了Meta之外的GAFAM成員，旗下分別握有資訊裝置、物流或作業系統等平台；而Meta現在並沒有這樣的條件，營收主軸來自於在其他企業平台上運作的社群網站和廣告。因此，我們可以這樣解讀：Meta將元宇宙視為一個絕佳的良機，期能透過自家參與研發、銷售的VR頭戴式顯示裝置「Oculus」系列，以及在元宇宙領域的研究開發，確立穩固的平台。

「Meta」以開發更方便的裝置為目標

為了讓使用者在元宇宙上的體驗更舒適，
Meta對裝置的研發著力甚深。

用來連結另一個世界——元宇宙的**介面**，五花八門的程度可想而知。Meta目前看來是從VR、AR的技術上找到了一線曙光。創立於二〇一二年的Oculus，因為開發出深獲一般消費者好評、性價比極佳的VR頭戴式裝置，而受到矚目，並於二〇一四年時被臉書收購。後來，Oculus發表的「Oculus Go」，因為是不需使用連接線的獨立型產品，使用方便，搏得了一定程度的好評。接著，Oculus在二〇一九年推出了「Oculus Quest」，解析度、CPU、

更細膩的影像體驗

收購Oculus

二〇一四年三月，臉書收購了發展VR裝置的Oculus，納入自家事業體旗下。

要連接電腦才行，很麻煩。

畫質不怎麼樣欸！

聽說臉書收購Oculus了！

好像是做VR眼鏡的。

那是什麼公司啊？

2014年

2016年

VR元年

專為一般消費者設計的頭戴式顯示器，包括Oculus的「Oculus Rift」，和索尼互動娛樂的「PlayStation VR」，相繼上市。

GPU等各方面均有所提升，在當時還只由部分愛好者組成的VR頭戴式裝置市場，引起了相當熱烈的反應。VR相關消費所創造的營收，在二〇二〇年能突破十億美元大關，Oculus Quest扮演了相當舉足輕重的角色。在耕耘VR的同時，Meta還投資了AR領域的**人機互動**（Human-Computer Interaction，簡稱HCI）技術。這項技術，是把以往用鍵盤、語音控制的介面，改以直接讀取腦波訊號的方式控制。由於實際上要讀取、分析腦波的難度很高，所以目前還僅停留在讀取「動動手」等神經訊號的階段，不過各界都很期盼它能早日實際應用。此外，如果它能搭配Meta在發展Oculus系列之際同步研發的智慧型眼鏡，並製成產品推出的話，還有可能成為AR界的標準。綜上所述，Meta就是在這些用來串聯使用者和元宇宙的介面上，著力甚深。

開發新介面

積極推動新一代介面的研發，例如能讀取身體動作的手環型裝置，或是還需要再花上好一段時間才能實際運用的「動動腦就能操作機器」的技術等。

畫質好漂亮！

不需要電腦，也不需要手機！

臨場感變好了呢！

只有這個眼鏡也能玩！

2018年

2019年～

未來也會繼續投資、研究，以創造更舒適的元宇宙。

Oculus Go上市

二〇一八年上市的「Oculus Go」，是一款不必連接個人電腦等其他裝置，就可以使用的獨立型裝置，解決了Oculus Rift因為有線所造成的不便。

Oculus Quest上市

二〇一九年，臉書推出了「Oculus Quest」，在解析度、CPU和GPU性能上皆有提升，跑得動較高負載的應用程式。它兼顧了獨立型的輕巧方便與更卓越的性能，贏得了消費者的支持。

05

秉持實體思維，對社群等領域著墨不多的谷歌

過去曾在社群網站事業遭逢挫敗的谷歌，
要用已具優勢的實體事業，征戰元宇宙時代。

目前，廣告是**谷歌**最主要的收入來源。他們發展了五花八門的平台事業，包括搜尋引擎、影音分享網站、地圖、作業系統等。儘管資訊流通的主要管道已從一般網站轉往了社群網站，一般網站迄今仍保有龐大的通訊量，許多社群網站也和網路服務維持著密切的關係，像是有Youtube這樣的影片分享平台，還有許多供企業客戶使用的服務，如「Google Workspace」等。乍看事業基礎穩如泰山的谷歌，當使用者厭倦溝通摩擦，想尋求自己喜歡的資訊和價值觀相近的同好，因而從人際關係一視同仁的一般網站，朝能在同溫層中提供舒適空

沒掌握到社群網站商機的谷歌

你有用
Google+嗎？

活躍率

20%

80%

Google+ instagram

月活躍使用者
明明有三億人，
為什麼活躍率會
那麼低？

那是什麼？
和臉書有什麼
不同？

好像有很多人是
「有Google帳號，
但不用Google+」。

2011年
啟動服務。

2019年
結束個人用戶
服務。

間的社群網站移動時，谷歌在廣告方面的收入，當然也會隨之減少。而在這些使用者轉往社群網站後，下一步就會進入元宇宙，谷歌在一般網站這片水平的世界裡，建立起了霸主的地位，卻在社群網站的發展上慘遭滑鐵盧——二〇一一年上線的社群服務「Google+」，不到十年就收攤。倘若那些從一般網站轉往社群網站的使用者再往元宇宙移動，並在上面投入更多時間時，那麼對谷歌而言，元宇宙市場勢必也會是一個必爭之地。元宇宙時代下的谷歌，已備妥策略，準備活用他們在**實體事業**穩固的優勢，爭取新地位。

優勢是穩固的實體事業

在安卓領域的市占率逾70%。

全球都在使用Google地圖！

實體事業穩如泰山！

網路搜尋的代名詞。

在元宇宙時代，要祭出什麼戰法？

以實體為主要戰場的廣告收入，支撐著谷歌的事業營運。

要以實體事業為主軸，布局元宇宙！

06

以 Google 眼鏡切入虛實夾縫之間的「AR」領域

谷歌擁有立足於實體的有形／無形資產，
要用AR技術來提升它們的價值。

　　谷歌是網際網路事業的先驅，對實體事業也扎根甚深。由於谷歌對社群網站、元宇宙的布局起步較晚，所以市場預測他們發展的重點，應該不是元宇宙，而是更偏實體的擴增實境（AR），也就是鏡像世界的方向。而最能鮮明呈現這項策略的一個小道具，就是「Google眼鏡」。它的分類，是放在所謂的「智慧眼鏡」，也就是有CPU、記憶體、攝影機、麥克風和各種感測器的一

大受矚目的 AR 眼鏡

項裝置。戴上這種眼鏡，視野範圍內就會出現各式各樣的資訊。據說它極具發展潛力，有望取代你我現在隨身攜帶的智慧型手機。不論是在實體空間中呈現虛擬資訊，在正常視野範圍內跳出可見事物的相關資訊，又或是跳出危險車輛、自行車的警示……就這個方向性而言，選用眼鏡或隱形眼鏡式的裝置，應該是最自然的形式。這種智慧型眼鏡和VR頭戴式裝置一樣，不是用來進入元宇宙的工具，而是用來為實體世界加上數位資訊的AR裝置。這才是最能讓谷歌運用現有資產與技術的新世代平台。預期將可看到它在Google現階段特別深耕的主要發展領域——商業領域大顯神通。

距離元宇宙很遙遠？
後續動作備受矚目的蘋果

以迷人硬體吸引使用者的蘋果，
看來是以發展鏡像世界為目標。

　　在GAFAM當中營收、淨利都屬領先群的**蘋果**，營收絕大多數都來自iPhone、iPad、Mac等硬體和周邊設備的貢獻。為數不少的使用者認為蘋果設計的硬體價值非凡，還對蘋果的企業思維很有共鳴，成了蘋果的一大優勢。蘋果很善於處理這種透過裝置建立事業的操作，但在不需以裝置為媒介的事業方面，就顯得相當疲軟了。換言之，在難以感受到硬體完成度高低、質感好壞的元宇宙，蘋果的價值就會腰斬一半。因此，很難想像蘋果會主動積極的往元宇

精雕細琢的硬體

宙轉型。一般預測蘋果會採取的策略，應該和谷歌一樣，是以發展**鏡像世界**為目標，用AR一決勝負。目前他們已經在研發AR技術，要發展iPhone和iPad用的AR應用程式。此外，蘋果旗下的iPhone，在裝置市場上已經建立相當強勢的地位。因此，即使同樣是發展智慧眼鏡，或許蘋果會選擇的，是與谷歌不同的方向。初期世代的產品，可能是以iPhone作為母艦，推出相關的周邊設備。還有，若能讓使用者認同「要享受舒適的智慧眼鏡體驗，就必須搭配iPhone」的觀念，那麼即使未來重心轉往AR，仍能繼續維持iPhone的存在感。

08 以爭取鏡像世界霸權為目標的微軟

以Windows、Office等產品聞名的微軟，
看來是要運用現有的基本客群，朝鏡像世界的方向發展。

　　微軟這家企業負責的業務，是在實體商業活動中所使用的核心資訊系統。在元宇宙轉型方面傾力耕耘，對他們並沒有太多好處。因此，微軟的切入點，應該也會以鏡像世界為主軸。試想微軟如果是要與目前已有合作關係的優秀夥伴，共同建立新世代平台的話，那麼選擇AR應該會比元宇宙來得更務實，更能打造出優質商品——其實微軟已經為了這個發展方向，推出了相關產品「HoloLens」。HoloLens因為是供企業使用的產品，所以在設計上稍嫌不夠

HoloLens實現的MR世界

來改變一下服裝的設計好了。

變換一下窗簾的顏色，改變一下心情吧！

VR和AR中間

微軟所開發的「HoloLens」，使用了MR技術，能辨識現實世界的物體，並將虛擬資訊疊合上去。

細膩，但它和其他發展消費者用產品的企業不同，已逐漸在市場站穩腳步。再者，微軟並沒有把HoloLens的用途歸類在AR，而是稱它為「混合實境」——因為它既可以像AR一樣，把數位資訊加疊在實體的視覺上；也可像VR一樣，用虛擬影像完全覆蓋實體資訊。儘管MR這個詞彙目前尚未普及，但它的概念，可以說就是鏡像世界。運用這個技術，還可以讓宛如實體的「數位孿生」與鏡像世界連動。屆時不僅可用在娛樂領域，還可導入遠距醫療、營造、製造現場等，成為拓展業務上的更多可能、提高生產力與催生創新的契機。綜上所述，微軟跨足虛擬世界的切入點，基本上應該是以商業領域為核心，朝「鏡像世界取向」的路線邁進。

和現有顧客一起建構鏡像世界

167

09

鎖定元宇宙世界
基礎建設的亞馬遜

以電商事業聞名的亞馬遜，可能以全球雲端企業龍頭之姿，
扛起發展元宇宙基礎建設的重任。

　　亞馬遜是GAFAM當中較特立獨行的企業。以網路書店起家的亞馬遜，後來又跨足綜合零售業，目前已成為銷售有形商品和數位資料的企業。既然兼具有形商品和物流方面的優勢，那麼不管整個社會是往元宇宙、或是往鏡像世界的方向發展，亞馬遜的事業都能發揮優勢。此外，亞馬遜還很擅長研發一些性價比高的實用工具。例如在智慧眼鏡領域，亞馬遜就實驗性的在市場上推出了「Echo Frames」。它是一款連結人工智慧「Alexa」，並以語音作為介面核心的智慧眼鏡，充分體現了亞馬遜務實的一面。還有，亞馬遜其實還掌握了另一

亞馬遜是什麼樣的公司？

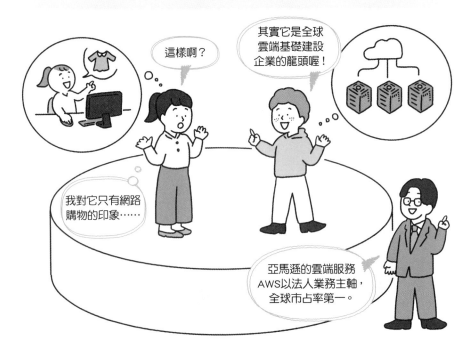

這樣啊？

其實它是全球雲端基礎建設企業的龍頭喔！

我對它只有網路購物的印象……

亞馬遜的雲端服務AWS以法人業務主軸，全球市占率第一。

個重要的平台，那就是雲端服務的AWS（Amazon Web Services的簡稱）。其實最早是因為亞馬遜擁有龐大的運算資源，想出售剩餘未使用的部分，才推出了AWS。如今，AWS已發展成全球最具規模的雲端服務，旗下有虛擬伺服器EC2、雲端儲存的S3等，項目五花八門。就現況來看，既然亞馬遜已掌握了全球雲端服務市場的三分之一，那麼當業者要研發像元宇宙這種需要動用龐大運算資源的服務時，恐怕很難不與AWS沾上關係。即使亞馬遜不大張旗鼓的搶攻元宇宙市場，未來元宇宙還是很有可能在AWS上運作。

AWS可作為元宇宙的基礎

大家都會跑去元宇宙買東西，亞馬遜不要緊嗎？

在元宇宙世界裡，很少聽到亞馬遜的名號欸！

就算亞馬遜沒有大動作宣布要以元宇宙為發展目標，

還是可能在看不到的地方，

和元宇宙有很密切的連結。

Amazon Web Services

10

政府的相關措施走向是偏鏡像世界？

政府機關也開始摩拳擦掌，投入虛擬世界，當中可看出一項特色。

　　其實不僅企業投入虛擬世界這項新世代科技的發展，政府機關也躍躍欲試。由政府機關主導或認證的措施，比較容易爭取到大筆預算，固然是一大優點，但他們目前的發展方向，頗有側重鏡像世界的趨勢。像是「**虛擬澀谷**」、「**池袋鏡像世界**」等，使用者皆可輕鬆登入。它們都是在虛擬世界重現實體澀谷、池袋街景，使用者可體驗擬真散步、逛街訪店，甚至是購買商品。然而實

重現真正的澀谷和池袋

和實體一模一樣！

是池袋車站前面！

澀谷的街景也和現實世界一模一樣！

有好幾個像是「虛擬澀谷」、「池袋鏡像世界」之類的專案，都是在虛擬世界裡建構出逼真的街景。

際上，它們目前都還稱不上是熱鬧——原因之一在於它們太重視與實體街景的整合，以致於把**現實世界的不方便**，也都直接搬進了虛擬空間。一個與實體如出一轍的虛擬世界，若是用來模擬實體的情況，還有其價值可言；但若是供娛樂、購物之用，恐將成為讓顧客感到不便的原因。而貿然建構一個與實體世界觀大異其趣的元宇宙，恐難獲得那些不太了解元宇宙的族群認同，故在政治決策的過程中，很難做出這樣的選擇。若採取「鏡像世界」路線，就可用「把現實世界直接逼真的搬到網路上」、「就算在疫情肆虐期間，還是能在一個和實體一模一樣的街頭，享受購物樂趣」來解釋，說明輕鬆方便。因此，我們可以這樣解讀：政府機關在推動虛擬世界的相關措施時，以偏「鏡像世界」路線的發展居多。

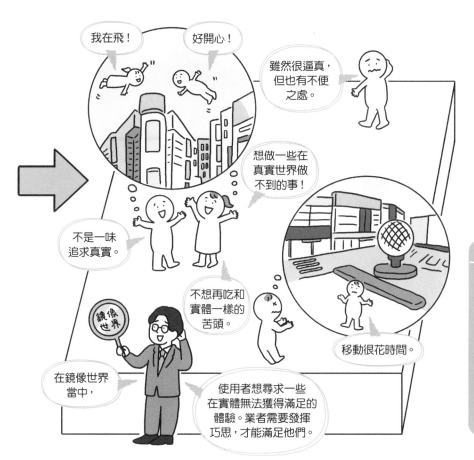

11

日本政府要用元宇宙，
達到「射月計畫」的目標

日本政府所追求的射月計畫目標，
包含了追求元宇宙發展的想法。

　　其實日本政府（內閣府）也想推動虛擬實境。**內閣府**為催生出源自日本的破壞性創新，推出了「射月型研究開發制度」這項大型研究專案。所謂的「射月」（Moonshot），是指難度雖高，但若能達成，將掀起一大創新的偉大計畫或挑戰。在這個計畫之下，政府揭示了九個不同領域的「**射月目標**」。其中的第一個射月目標，就是「在二〇五〇年之前，要實現『讓人類跳脫身體、大

何謂「射月目標」？

① 跳脫身體、大腦、空間、時間限制

② 極早期預測、預防疾病

③ 主動學習、行動，並與人類共生的AI機器人

④ 地球環境再生

⑤ 二〇五〇年的食與農

⑥ 容錯通用量子電腦

⑦ 在健康無慮的狀態下活到一百歲

⑧ 透過控制氣象來降低極端風災、水災所帶來的災害

⑨ 提升心理安適與活力

內閣府為了實現「民眾的幸福」，所提出的九大「射月目標」。

「目標」的內容，和元宇宙追求的世界很相近

腦、空間、時間限制』的社會」。這個目標，可以說就是以元宇宙為前提。具體而言，就是要在二〇三〇年研發技術與運用平台，讓一個人操作逾十個虛擬替身處理任務的速度、制度，和操作一個一樣。到二〇五〇年之前，還要再發展相關的技術與運用平台，讓好幾個人遙控多個虛擬替身和機器人，彼此搭配合作，執行大型的複雜任務。如此一來，只要有心，人人都可以針對特定任務，強化自己的體能、認知和知覺能力，未來甚至還可以提升到頂尖水準——日本政府想推廣、普及這樣的生活方式。換言之，只要能實現這個目標，最終就能跳脫元宇宙，人人都能在現實世界裡，透過**模控虛擬替身**（Cybernetic Avatar，簡稱CA）和機器人的運用，朝自己的目標或夢想邁進，並可因應多元的生活型態。

帶來豐富生活的「另一個身體」？

原來受人歧視這麼痛苦啊……

同時獲得兩種經驗！

這才發現我的價值觀很扭曲。

安排一個立場容易受歧視的虛擬替身，讓它實際受人歧視，幫助當事人察覺自己價值觀的扭曲，

或將一個人使用多個虛擬替身，再透過多個身體所獲得的經驗加以整合的技術等，都是目前各界正在研究的各種運用。

模控虛擬替身

虛擬替身用的球鞋等，吸引運動用品大廠也加入戰局

大型跨國企業也運用NFT等支援元宇宙交易的工具，
搶攻元宇宙商機。

　　「數位資料可輕易複製」這件事眾所皆知。過去歷經很長時間的努力，才准許內容所有人以電子書、音樂檔案等數位資料的形式銷售創作內容，也是由於這些資料可大量複製的緣故。因此一直以來，各界普遍認為在數位資料當中，所謂「原件」的概念並不成立。不過近年來，由於NFT的問世，有人開始嘗試建立「**數位原件**」——也就是「即使有多份重製物，仍可主張某一份著作為原件」的觀念。他們想透過這樣的推廣，來強調「某份數位資料

品牌力在虛擬世界也屹立不搖

的所有權，是歸某個人所有」。而當這樣的權利獲得承認之後，或許「存在元宇宙上的資料所有權」就能開放買賣。二○二一年十二月，運動用品大廠愛迪達（Adidas）宣布跨足NFT市場，推出NFT限定收藏款「INTO THE METAVERSE」。它是一款可於《沙盒》等元宇宙上，讓虛擬替身穿戴的虛擬服飾。這次總計推出的兩萬九千六百二十個NFT，竟在幾小時之內就銷售一空，營收高達約二十六億日圓。競爭對手耐吉（NIKE）也收購了製作虛擬運動鞋等品項的工作室。不過，目前NFT還只能在特定條件下主張代幣的唯一性，不是用來保證數位資料在法律上的所有權。或許未來它會持續發展，成為一套既能證明數位資料原創性，又能向使用者收取使用費的機制。

13

BMW 打造的多用途空間 「Virtual World」

已有企業願意打造反映自身世界觀的元宇宙。

德國汽車大廠BMW，目前已建立起獨家的元宇宙。該公司於二〇二一年九月發表的「JOYTOPIA」，是可透過智慧型手機加入的虛擬世界。在慶祝服務上線的活動當中，業者請到英國的酷玩樂團（Coldplay）舉辦**虛擬演唱會**（Virtual Live），觀眾則以虛擬分身的形式參加，可走近舞台，從自己喜歡的位置欣賞樂團演奏，甚至還能在現場跳舞。儘管有人認為JOYTOPIA只

給使用者「前所未有的體驗」

不過是個直播串流平台，但BMW公開表示「JOYTOPIA是我們的元宇宙」、「回應顧客想在數位空間尋求個人化體驗的意見」。JOYTOPIA當中有「Re: THINK」、「Re: IMAGINE」、「Re: BIRTH」這三個世界，各自承載了一些BMW認為重要的主題。使用者登入後，用可自由改變外觀的虛擬替身，就可在「虛擬狐狸」的引導下，探索這幾個世界。除此之外，BMW還運用輝達（NVIDIA）研發的「Omniverse」平台，模擬生產、製造的各種面向，改善了製程效率，讓生產時間較原訂生產計畫縮短了三成。綜上所述，由大企業自行打造出反映自身世界觀的元宇宙，或將元宇宙運用在業務上的動作，想必日後會越來越多。

第一次參觀車展！

好酷喔！

震撼力十足！

使用者可在元宇宙裡自由探索、享受活動樂趣。它同時也是在為平常不會參加車展的人，創造接觸BMW產品的機會，堪稱是為提高品牌認知所推動的一項措施。

巴貝多宣布設置全球第一個「元宇宙大使館」

座落在加勒比海上的一個島國，
已決定在元宇宙上興建大使館。

在東加勒比海上的諸多島嶼當中，**巴貝多**（Barbados）位於東方，是一個人口約莫三十萬人的島國。它長年來都是大英國協的一員，也是大英國協王國（Commonwealth Realm），奉英國國王為國家元首，直到二〇二一年才脫離大英國協王國，轉型為共和制。其實不僅加勒比海各國，包括拉丁美州各國在內，巴貝多都被視為是議會民主制扎根最深的國家，也是加勒比海各國當中最富裕的國家之一。這樣的巴貝多，目前正在推動一項全球首創的嘗試——那

元宇宙上的行政服務

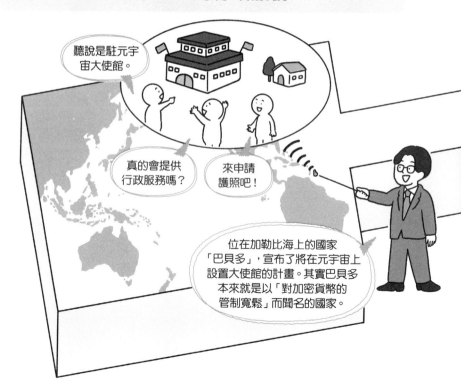

聽說是駐元宇宙大使館。

真的會提供行政服務嗎？

來申請護照吧！

位在加勒比海上的國家「巴貝多」，宣布了將在元宇宙上設置大使館的計畫。其實巴貝多本來就是以「對加密貨幣的管制寬鬆」而聞名的國家。

就是在元宇宙上設置大使館。Decentraland是自二〇一五年底就開始研發的元宇宙專案，歷史悠久。這個元宇宙以**區塊鏈**技術為基礎，讓使用者可透過NFT的形式，購買元宇宙上的土地、不動產和服飾等。貝巴多政府於二〇二一年十一月時，宣布將在Decentraland上購置土地、設置大使館的計畫。至於為什麼會想在元宇宙上設置大使館，負責推動該國數位外交政策的加百列·阿貝德（Gabriel Abed）表示：「這個專案，其實也是要讓東加勒比海上的島嶼持續與全球技術接軌。」他還提到：「我們體認到自己是個很小的島國。巴貝多雖小，但在元宇宙上，我們可以變得和美國、德國一樣大。」這個例子告訴我們，用有別於現實邏輯所打造出來的元宇宙，也可能對國家的成長策略帶來影響。

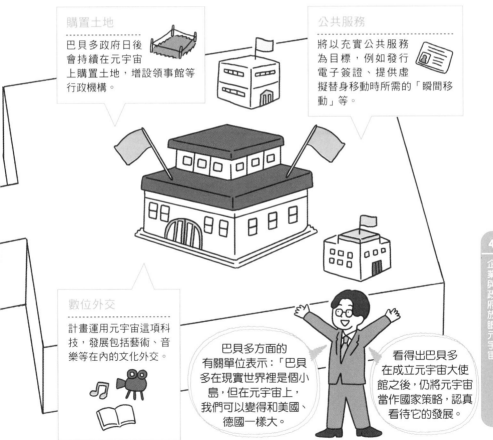

購置土地
巴貝多政府日後會持續在元宇宙上購置土地，增設領事館等行政機構。

公共服務
將以充實公共服務為目標，例如發行電子簽證、提供虛擬替身移動時所需的「瞬間移動」等。

數位外交
計畫運用元宇宙這項科技，發展包括藝術、音樂等在內的文化外交。

巴貝多方面的有關單位表示：「巴貝多在現實世界裡是個小島，但在元宇宙上，我們可以變得和美國、德國一樣大。」

看得出巴貝多在成立元宇宙大使館之後，仍將元宇宙當作國家策略，認真看待它的發展。

15 日本企業如何在元宇宙時代勝出？

日後在虛擬世界相關的商業環境中，
日本企業應以什麼樣的定位為目標？

　　即使是在元宇宙時代下，像GAFAM這樣的科技巨擘仍會較占優勢，這一點毋庸置疑。但是，日本企業要採取什麼樣的策略，才能在虛擬世界裡勝出呢？一般預測科技巨擘為充分運用現有資產，將選擇朝「鏡像世界」的方向發展；至於新興企業或規模不如科技巨擘的企業，則是在平台方面也不是科技巨擘的對手，在既得利益者占優勢的鏡像世界當中，也找不到太多甜頭。就結果來看，預估虛擬世界將會由一般民眾容易參與的鏡像世界，以及稍偏專業玩家級的元宇宙二分天下。在這樣的潮流之中，日本企業若要彰顯自己的存在感，

日本的「看家本領」將在元宇宙世界大放異彩

那麼朝元宇宙路線發展，應該會是比較理想的選擇——因為在**次文化**領域已深獲肯定，又已確立獨特地位的日本企業，在元宇宙上有望建立品牌。儘管全球各國都想急起直追，但截至目前為止，次文化領域的優勢語言仍是日文。而在「虛擬替身」這個把元宇宙變得更豐富多彩的元素方面，全球最具影響力的3D模型檔案格式，其實是在日本的多玩國（DWANGO）公司主導下，所催生出來的「VRM格式」。就像科技巨擘會想運用他們在實體事業建立起的龐大資產，發展鏡像世界一樣，日本長期以來在次文化領域所累積的歷史，說不定會成為打造元宇宙世界的重要關鍵。

元宇宙的未來④
「Meta 是目前研發中的全球最高速 AI 超級電腦」

　　高度認真看待元宇宙，甚至不惜更改公司名稱的Meta，目前正在研發一款人工智慧超級電腦「AI Research SuperCluster」（RSC），目標將在二〇二二年中完成。Meta方面已發出豪語，表示「確信它的速度將是全球最快」，對這一部超級電腦的絕佳性能充滿期待。

　　Meta會如此致力於超級電腦的研發，原因當然是希望能成為元宇宙時代的領頭羊。祖克柏就曾表示：「我們為了元宇宙所建構的體驗，需要動用相當龐大的運算能力。」他還說：「RSC將實現一個新的AI模式，能學習好幾兆個案例，通曉數百種語言。」

要是使用不同語言的人，彼此都能溝通無礙的那一天到來，那就太方便啦！

看來到時候，跨國性的商業活動和研究，都會有更長足的發展。

　　Meta舉了一個例子，說這一款超級電腦的AI，能幫助一大群各自使用不同語言的人，進行即時語音翻譯。倘若這個例子成真，全球各地的使用者就能跨越語言的隔閡，在元宇宙上順暢的溝通。

　　各界認為「科技巨擘在元宇宙時代仍會占居上風」的根據之一，就是他們能做這種大手筆的投資。在元宇宙時代裡，要打造大規模的平台，還要妥善經營，並不是人人都能做得到的事。不過，當使用者聚集到業者投入充沛資金建構的優質平台時，人人都能分一杯羹的商機就會應運而生。

關鍵字索引

◎ 主要參考文獻

何謂元宇宙：網路上的「另一個世界」
（メタバースとは何か ネット上の「もう一つの世界」）
岡嶋裕史 著（光文社新書）

未來商業圖解：虛擬空間與 VR
（未来ビジネス図解 仮想空間と VR）
往來股份有限公司 著（MdN Corporation）

日文版 STAFF

編輯	木村伸司、丹羽祐太朗（GB）
執筆協力	富山佳奈利、坂下ひろき
內文插圖	しゅんぶん
封面插圖	ぷーたく
封面及內文設計	別府 拓（Q.design）
DTP	プールグラフィックス

監修 岡嶋裕史（Okajima Yushi）

中央大學研究所綜合政策研究科博士後期課程畢業，曾於富士綜合研究所任職，後於關東學院大學經濟系任副教授及資訊科學研究所所長，現為中央大學國際資訊學院教授。著有《後行動通訊時代：資訊科技與人類的未來圖》（新潮新書）、《駭客的犯案手法：從社群網站到網路攻擊》（PHP新書）、《逃離思考》、《實況！商務能力培訓課程：程式／系統》（以上由日本經濟新聞出版社出版）、《區塊鏈：因為互不信任而形成的全新資安機制》、《5G：大容量、低延遲、多點連接的機制》（以上由講談社bluebacks出版）、《蘋果、谷歌、微軟：雲端與行動裝置大戰何去何從？》、《何謂元宇宙：網路上的「另一個世界」》（光文社新書）等多部作品。

KONSEIKI SAIDAI NO BUSINESS CHANCE GA 1JIKAN DE WAKARU !
METAVERSE MIRUDAKE NOTE
copyright © 2022 by Yushi Okajima
Original Japanese edition published by Takarajimasha, Inc.
Complex Chinese translation rights arranged with Takarajimasha, Inc.
Through Future View Technology Ltd.
Complex Chinese translation rights © 2023 by Azoth Books Co., Ltd.

今世紀最大のビジネスチャンスが１時間でわかる！メタバース見るだけノート
從刀劍神域到寶可夢，一小時讀懂78個概念，掌握本世紀最大商機
元宇宙超圖解

作　　者	岡嶋裕史（監修）	劃撥帳號	50022001
譯　　者	張嘉芬	戶　　名	漫遊者文化事業股份有限公司
封面設計	比比司設計工作室	初版一刷	2023年9月
內頁排版	陳姿秀	定　　價	台幣360元
特約編輯	張瑋珍	ISBN	978-986-489-841-1
行銷統籌	駱漢琦		
行銷企劃	蕭浩仰、江紫涓	有著作權・侵害必究	
營運顧問	郭其彬	本書如有缺頁、破損、裝訂錯誤，	
業務發行	邱紹溢	請寄回本公司更換。	
責任編輯	賴靜儀		
總編輯	李亞南	國家圖書館出版品預行編目 (CIP) 資料	
出　　版	漫遊者文化事業股份有限公司		
地　　址	台北市105松山區復興北路331號4樓		
電　　話	(02)2715-2022		
傳　　真	(02)2715-2021		
服務信箱	service@azothbooks.com		
網路書店	www.azothbooks.com		
臉　　書	www.facebook.com/azothbooks.read		
營運統籌	大雁文化事業股份有限公司		
地　　址	台北市105松山區復興北路333號11樓之4		

國家圖書館出版品預行編目 (CIP) 資料

元宇宙超圖解：從刀劍神域到寶可夢，一小時讀懂 78 個概念，掌握本世紀最大商機 / 岡嶋裕史監修；張嘉芬譯. -- 初版. -- 臺北市：漫遊者文化事業股份有限公司, 2023.09
192 面；14.8×21　公分
譯自：メタバース見るだけノート：今世紀最大のビジネスチャンスが１時間でわかる！
ISBN 978-986-489-841-1(平裝)
1.CST: 虛擬實境 2.CST: 資訊技術
312.8　　　　　　　　　　　112012342